北海道小清水

「オホーツクの村」ものがたり

人工林を原始の森へ　40年の活動誌

竹田津 実

Minoru TAKETAZU

平凡社

までも続く。遠く斜里岳を望む。『キタキツネ　北辺の原野を駆ける』（1974年）より

1960年代後半の小清水町の早春風景。防風林が耕作地を囲い、一本道がどこ

目次

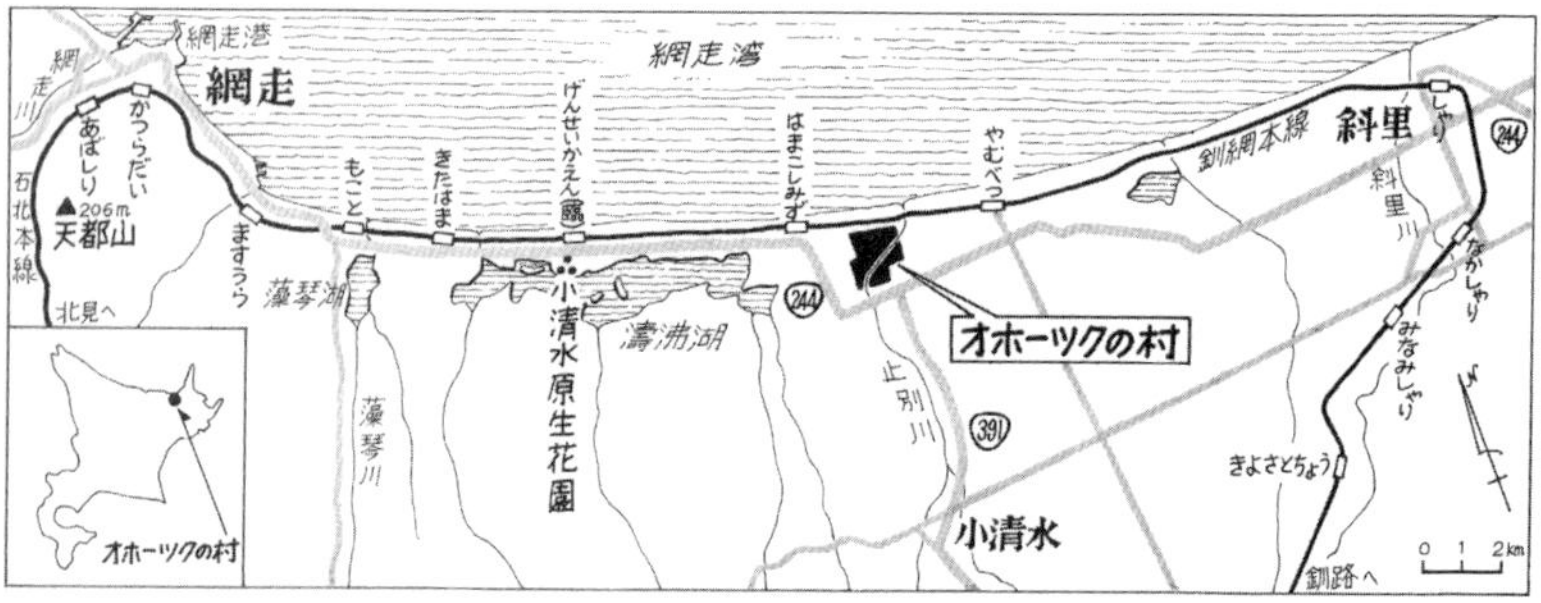

オホーツクの村の位置図　小清水は、北海道道東、網走と斜里の間に位置し、オホーツク海に面する町。オホーツクの村は、小清水原生花園、濤沸湖の東、サケの遡上する止別川沿いにある。「アニマ」1989年12月号より

左頁：オホーツクの村役場

北海道小清水

「オホーツクの村」ものがたり

人工林を原始の森へ　40年の活動誌

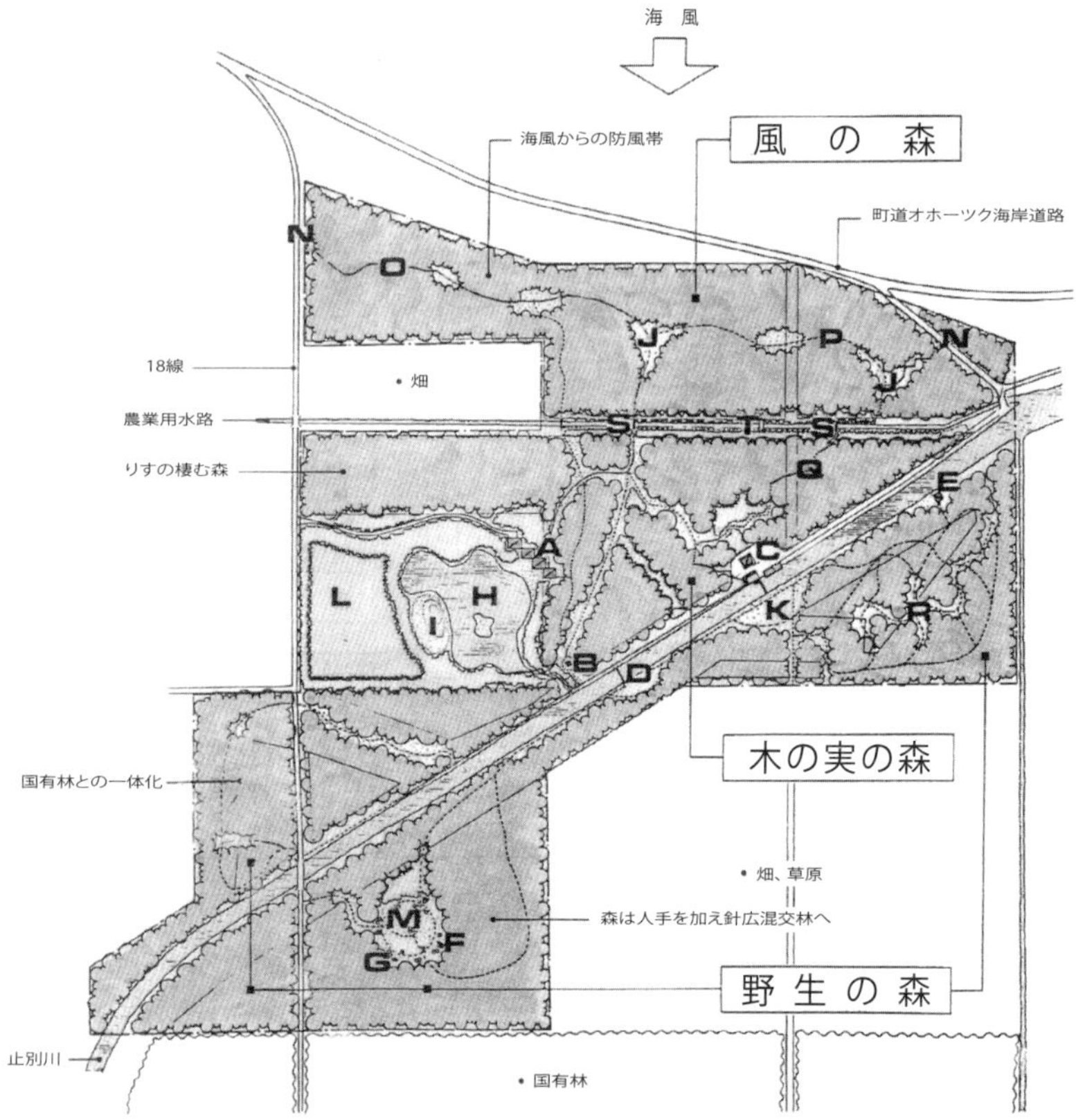

オホーツクの村の計画図　1989年9月の「オホーツクの村 基本設計書」(小清水自然と語る会、ムーヴ植物設計) より
上がオホーツク海、左下から右上に流れるのが止別川。図中のアルファベットは次を表す。A：ネイチャーハウス (ビジター、研修、宿泊、病院棟)、B：森の塔 (森林観察塔)、C：サケの広場 (サケの捕獲場、観察広場)、D：森のかけ橋 (吊り橋)、E：岸辺の小屋 (野生観察小屋)、F：避難小屋、G：トイレ、H：白鳥の池 (小鳥たちの池)、I：野鳥の丘、J：森の小広場 (明るい林床)、K：岸辺の広場 (草地広場)、L：記念植樹の森、M：子供の森、N：ゲート、O：アプローチ路 (チップ舗装)、P：りすのみち (散策路)、Q：きつつきのみち (散策路)、R：まよい道 (探検迷路)、S：丸木橋 (小さな橋)、T：動物のみち。「アニマ」1989年12月号より

プロローグ　私たちの原生林

オホーツクの村の村役場（右）と野生動物の診療所

はるかな北。地はてるところと呼ばれた半島のすぐそばに、自然を生産するのだと決めた軍団がいる。「小清水《こしみず》自然と語る会」[*1]という歴とした財団の面々である。一九七八年に発足、八一年に財団化をはかり、八三年に財団認可。当初日本で一番小さい財団といわれたが、今でもそれは変わりがない。なのに設立八年目（一九八九年）には自然環境保全法人の認可を受けるといった、当時としてはユニークな実力派であったと言ってもいい。

当時、朝日新聞のコラム「天声人語」でイギリスのナショナル・トラストが紹介され、そろそろ日本でもそういった運動があっても良いのではないか、と締めくくっていた。

それに反応したと言っていい。

そもそもイギリスで生まれた、この自然及び史跡等の保存法は、産業革命によって崩壊され消えようとするそれらを、なんとかしようとする人々によって立ち上げられた。

そこには歴とした立法の精神がある。

一つ、残すべき自然であること

一つ、残すべき歴史的価値があること

の二点である。

わが国でも古い歴史がある。古都鎌倉の市民運動である。一九六〇年代なかば、鎌倉市にできた、財団法人「鎌倉風致《ふうち》保存会」[*2]の運動がそれ。大佛次郎《おさらぎじろう》などの文化人の存在が注目された。

ナショナル・トラストの萌芽期

とまれ、当の財団、小清水自然と語る会が所有する大地は、立法の精神のどれにも当てはまらないものであった。

面積約三〇ヘクタールもあるといっても、

村内の森に生息するエゾシカ

どこにでもある普通の人工林、それも植えて一七年余の、北の地ではまだ幼稚園への入園前の木々と言ってよかった。しかもその地は河口近く、かつて雪解け水で氾濫がくり返される、デルタと呼ばれた湿地帯である。アイヌの砦などの痕跡なんぞは望むべくもない。ないないづくしの大地といえた。

残すべき価値のあるものは皆無といってよかった。オホーツクの海鳴りに、小枝をほんの少しふるわせるだけの林だった。

隣の斜里《しゃり》町で「しれとこ100平方メートル運動」[*3]が始まった。すぐにトラストとして名乗りをあげ、全国から買い上げの資金を募った。当然私たちの地とは比べようがない。知床といえば、私たちが入園前のヨチヨチ坊やとすれば、すでに名前だけで大学院もの違いがあるし、それも国内ではなくハーバード大学くらいの自然度の差はあった。100平方メートル運動の地は、そのハーバード大院生のための、防人《さきもり》的な役割を目指すのだと主張。格好がいい。

トラスト登録では一番乗りは仕方がないと思えたのである。

時あたかも日本のナショナル・トラスト運動の萌芽期の観を呈し、各地でいろいろなかたちの市民運動が報告された。それは本場イギリスで産業革命の反省期に起きたのと似ている。わが国でも、高度成長の影の部分として各地で自然の破壊や消失、文化遺産の消滅が次々と露呈して、人々は少しおかしいから、これでは未来が危ないとまで気づき始めていた。

大は自然を保護するのだと大声をあげ、小は思い出ぐらいは残そうといった、少し恥ずかし気な声が起きていた。時代を先取りしたようなかたちで、行政も手を挙げ始めていた。

なかでも和歌山県田辺市の「天神崎《てんじんざき》買取り運動」[*4]は注目された。田辺市で高校の教師を退職した外山八郎さんという方を中心に、天神崎の保全運動が始まった。特に外山先生が退職金を一時的とはいえ全額その買取り資金に供与したというニュースは刺激的で、各地の運動に力を与えた。

静岡の「柿田《かきた》川《がわ》の保全」[*5]に取り組む漆畑信昭さんたちの元気からも、私たちはたくさんの力をもらったものである。

伐らない人に売ること

刺激を受け、力をもらっても、モヤモヤが残る。それはやはり、隣町の知床というわが国有数の自然に圧倒される想いであった。

雪の消えかけた畑で餌をさがすハクチョウ

雨の日、休日だと農作業のできないお百姓さんがやってきて少し酒を飲む。酔うというほどのものではないのに、決まって話題として顔を出す。「どうしてあんな林が、大切なんですかネー」と。〈あんな〉という言葉に、たくさんの気持が詰まっている。

当時、戦後初めてといわれる好景気。それもあとで、全てがバブルとひとくくりにされて納得させられた時代。人口七〇〇〇人をほんの少し超える北の町、小清水*6でも例外ではなく、農地はうなぎ昇りに価格が上がり、それに比例して、誰も振り向きもしなかった土地でも、農地になるのではないかと一緒に値上がりしていた。そのため、あらゆる場所が開拓され、小さな荒地も全て消えていった。

デルタと呼ばれた湿地帯も例外ではなかった。未開の地は、そこしか残っていなかったため、最後の開拓地と考えられていたのである。

ある日所有者のおじいちゃんが亡くなると、人々は色めき立った。売りに出されるという噂は、瞬時に原野のすみずみにまでながれていた。

ただ、林の持ち主のおじいちゃんは漁師であった。誰からも見向きもされなかった河口に広がる湿地に、せっせと木を植えたのは、魚付林《うおつきりん》＊7としての機能に期待したのだから、おじいちゃんは将来を見据えた立派な生態学者であり、漁業者といってよかった。

私たちの財団が譲渡先の第一候補となったのは、「伐らない人に売ること」という一言が、遺言の中に入っていたからであった。

その一言によって所有者となったこの財団の作業は、林を育ててゆくということだった。しかしそれは、材木を生産することは第二義である、ということを意味した。

財団の思索のときが続く。

北海道の原始林

北海道には原始林が少ない。あの知床ですら例外でない。原始林と人々が考えている地でも、一度か二度、斧が入れられた森なのである。

これは意外なことであった。北海道に和人が本格的に移住し始めたのは一九世紀後半、それからわずか一二〇年余。これはアメリカの歴史よりずっと浅く短い。

特徴はアメリカと同様、〈開拓とは木を伐ること〉だった。何百年という時間を持った木を平気で伐り倒す。それが正義であった。本州や九州、四国に残るような、守霊がやどるとか神聖なる場所なるものが少ない。アイヌの人々は別として、無いといっていい。アメリカ同様、後からやってきた人間たちが、先人たちの歴史観を無視したのである。よってこれもアメリカに似て、平野部に森はない。全て正義の名の下に畑となった。

小清水の町も他の町とまったくおなじであった。ただ幸いなことに、原始林が少し残っていた。しかも平野部に。

シラカバの幹に巣箱をかける。野鳥やモモンガなどが利用する

防風林である。北のオホーツク海から吹き寄せる冷気と、流氷とともに来る寒気から大地を守ることを目的に、開拓の前段の設計時に約二キロに一本、幅五〇メートルの林を東西南北に残すという、北の自然にとっては僥倖ともいえる決断の結果が今残っていた。

計画時、そこはまだ、太古の息吹むんむんの原始の残る大地であった。

かくしてその地に、いまだ斧の味を知らない木々の林が現存するのである。

その一番北側、すなわちオホーツク海に近い防風林に隣接する形で、財団の所有する林がある。

私たちが残そうとした林の見本が、すぐそこにあった。

気づいた時に、私たちのやるべき作業が目

に浮かんだ。隣の林と同じものをここに造るという行程。それを探ることだった。

詳細は後述するがある年(一九八九年)、私たちの運動に対して朝日森林文化賞をもらった。ありがたいことに賞状だけでなく副賞に大金一〇〇万円がもらえた。

お酒の好きな軍団がお祝いの会をやる代わりに、そのお金をそっくり使って、森の設計をすると決めた。

残すべき自然を造り出そうと決めたのである。

人工林を隣の原始林に限りなく近い森に造り変えようというのだ。自然を造り出す生産者になると。私たちは初めて自分たちの目的を手にしたと実感したのだった。

副賞全額を札幌にある植物設計の専門企業に依託し、調査する。その間、北海道大学の湿原植生の辻井達一先生に相談し、このデルタと呼ばれた湿地がかつて抱えていた植生、分布のデータをいただいた。それに、この運動参加者全ての希望を組み込み、最終の設計図を作成してもらう。

植物設計の会社の代表、五十嵐博さんに、森の完成にどのくらいの年月をみればいいでしょうか、と聞くと、八〇年は必要でしょうと、事もなげに言うのだった。自然とはそういうものです……と付け加えた。

私たちの切って植えての八〇年事業が始まる。

おもしろいのは、現在の運動参加者誰ひとり、完成を見ずに死んでいく。それでも皆心のどこかに完成した私たちの原始林の姿を持っているふしがあるのである。

この地を私たちは「オホーツクの村」と名

2016年10月、オホーツクの村、開村35周年の集い

付けた。

二〇一六年一〇月八、九日、オホーツクの村建設運動が三五周年を迎える。一同相参集し、私たちの胸のなかの赤い火を大きく燃やしたいと。

二〇一六年七月、この稿を書いている途中、永六輔さんの訃報を聞く。連絡してきた杉本勝博と一緒に、三〇周年のお祝いの言葉をいただきに出かけた時のことが、昨日のように思い出される。

永さんには、私たちの会の発足のごく初期からたくさんの応援をいただいた。うれしかった。ありがたかった。合掌。

＊1 地はてるところ 知床《しれとこ》。アイヌ語のシリ・エトクシリ、シリ・エトコからの地名で、「地《シリ》の

突端部《エトコ》」の意味。

＊2　**鎌倉風致保存会**　一九六四年、鶴岡八幡宮の裏山「御谷山林《おやつ》」の宅地開発に地元住民の反対運動が起き、会が誕生。六六年、全国からの寄付金で御谷山林の買取りに成功。一連の運動が古都保存法成立の契機となったといわれる。日本のナショナル・トラスト第一号。

＊3　**しれとこ100平方メートル運動**　一九七七年、知床半島の国立公園内の民有地を乱開発から守るため、開拓地跡の買上げと保全を目的に発足、全国に基金提供を呼びかけた。現在、太古の森を育て、野生生物群集を復活させる「100平方メートル運動の森・トラスト」を展開している。

＊4　**天神崎買取り運動**　「天神崎の自然を大切にする会」。一九七四年、市街地に隣接し、森、磯、海の三者が一つの生態系を保つ天神崎の別荘地開発計画を知り、市民有志が業者から土地の買取り運動を実施。

＊5　**柿田川の保全**　一九七五年、静岡県の柿田川最上流部の乱開発に対し、川と周辺環境を守る運動を市民が開始（柿田川自然保護の会）。八三年に「21世紀に残したい日本の自然100選」に選ばれ、八五年には「名水百選」に「柿田川湧水群」が選定された。八八年にトラスト運動を開始し、「柿田川みどりのトラスト」を展開。

＊6　**小清水**　北海道東部、網走支庁斜里郡小清水町。二〇一八年に開町一〇〇年を迎える。藻琴山《もこと》の北斜面を占め、北はオホーツク海に面する。人口四九二二人（二〇一八年八月一日現在）。一般財団法人小清水自然と語る会の所在地。運動の発足前夜の小清水町の自然環境については、本書「原点　獣医と農民とキタキツネと」参照。

＊7　**魚付林**　森林が生み出す栄養塩類や有機物を沿岸に流し、魚の餌となるプランクトンの繁殖を促したり、海面に落とす影が魚類の生息、産卵に適した環境をつくり出す、海岸沿いの森林。保安林の一つ。

正月のキタキツネ事件　一九七五―七八年

キタキツネのこども

青年からの相談

どんな組織も、誕生の小さな物語を持つ。

一九七五年正月、酪農家の原田青年から相談を受けた。

原田家は残された原始の防風林に囲まれた高台にある。道路を一本へだてて墓地がある。事件はその墓地で起きた。

パンパンと朝からの鉄砲の音に、原田青年は何事かと外に出た。見ると墓地で数人の猟師が集まり、何かを取り押さえようとしている。どうやらキツネらしい[*1]。近づくと、雪に覆われた墓地のあちこちに赤い血が飛び散っている。

原田青年の母はとても信心深く、殺生を嫌った。特に一年の計である正月の三が日は、いかなることがあっても……。と常々子供たちに言い聞かせていたという。

その母の子供である。猟師に対して何かひと言あって不思議はない。しかしやり取りの中で、猟師の「キツネを殺して何が悪い」のひと言に、原田青年は黙ってしまった。そのひと言の中に、駆除だという正義が見えかくれしていたのだった。

一九七〇年代、この北の地では、エキノコックス症[*2]対策として、虫卵の媒介者であるキタキツネの駆除は正義であり、官民あげての大合唱の中心に置かれていた。

正月であろうと墓地であろうと何が悪い、となるのである。我々はお上の依頼で殺生をやっている、という猟師の言い草に、原田青年はカッとなったらしい。

同じ日、原田家の隣、といっても七〇〇メートルくらい離れた場所で酪農業を営む宍戸正の牧場でも、小さなトラブルが起きていた。

小清水原生花園のなかを歩く乳牛たち

牛が暴走して柵を破って逃げ出し、元に戻すのに半日かかったという事件である。

　暴走の原因はスノーモービルの爆音であった。キツネを追った猟師が、牛舎のすぐそばを走り抜けたのだった。丁度、スノーモービルが導入され始めた初期の頃で、お百姓さんたちがおもしろがって使い始めていた。猟師といっても多くはお百姓さんで、彼らの冬の楽しみみたいなもので、獲物を食べたり何かに使ったりすることもあまりない時代となっていた。駆除という大義がつけば、皆胸を張れた。

　生き物たちは雪に弱い。小さな四つの肢《あし》に全体重が重くのしかかる。肢の長さ以上に雪が降ると、もう動けない。明治の初め、野山を埋め尽くすほど、と表現されたエゾシカの大群が、明治一二年（一八七九年）の大雪で全滅とまで言われるほどの被害を受けたのも、その細い肢と小さな蹄《ひづめ》と重い体重のせいであった。

　キツネもまったく同じである。

　雪上を自由に走り回れる相手に遭えば、ひとたまりもない。お百姓さんたちが遊びの途中で、機械に弱いこの動物を発見するのに、そんなに時間はかからなかった。

　キツネは、銃を使う必要がないとまでいわれ始めていた。畑地は木一本もない広々とした地、追い続ければ相手は確実に動けなくなる。それを棒で叩けばいい。棒で獲れる動物といわれたほどだった。

　雪の上を自由に移動できる足を持った猟師たちの振る舞いが、そこに住む人々には傍若無人に思えたのは、私も理解できた。

　これを防ぐのにいい知恵はないだろうか
……というのが原田青年の相談だった。

猟友会と農民と

　彼とはあまり話したことがなかった。それはつい先頃まで彼がまだ高校生で、現場に出ることが少なかったからだ。農家の庭先でごくたまに挨拶をかわす程度であった。

　でも相談に来たときは、高校を卒業し、父の片腕というより、後継として自立しようとしていた時期で、そのひと言は真剣であった。

　そこで私は、アメリカの農村部に見る例のように、私有地の権利の主張を展開したら、と勧めてみた。

　その方法として「私有地につき立ち入り禁止」の看板を、自分の土地の境界線に立てるという手があると話した。なるべく多くの人が参加したほうが、インパクトが強いとつけ

酪農家の牛舎から見えたキタキツネの巣穴。４頭のこどもが出ていた

加えた。

北海道の農民のいいところは、入植時から独立心が強く、その地の歴史は一〇〇年余であったため、その地での祖先に並んでもらってもせいぜい三、四人で、小さな出入口をふさぐこともできないくらいである。これが本州だと、普通の家でも祖先が二〇〇人とか三〇〇人いて、あらゆる変化の長い歴史を背負っている。その点、三、四人だと、自分の立ち位置ははっきりわかっている。そのために皆、胸を張る。

それが原田青年の気持をふるい立たせた感がある。

多いほうが……という私の言に、南隣の酪農家宍戸正、そして北隣の小野崇久（この人も酪農家である）、そして西に隣接する鎌田勇二にも賛同をもらって作業が始まった。

「私有地につき立ち入りを禁ずる」の看板があちこちに立って、話題となって困った人が登場した。当の猟友会の面々である。賛同者があちこちに飛び火して、メッセージを立て始めたからだ。それに、行政の当事者である役場の人々も困惑した。狩猟行政は役場の所轄であり、勝手に権利を振り回されても困る、といった論が出たのである。そこで、当時の町議会議長が登場する。

私有地立ち入り禁止運動家と猟友会の仲介である。

その場面で私が思わず〝いよっ!! 原田青年〟と呼びたくなるほどに、彼は若者らしい資質をみせて対応したのである。

彼は自分たちの住む自然環境について勉強した。いわば理論武装である。

たとえば、自分たちのまわりに残る防風林が、道内では石狩太美《ふとみ》に残る原始の防風林に肩を並べるくらいに立派な防風林であること、近くの海岸砂丘にはカバイロシジミという、分布が局所的といわれたシジミチョウが生息している情報などを手に、議長を仲介とした会議に臨んだのであった。

結果、法的に告示するといったかたちをとらず、猟友会と農民との間の紳士協定とするといった、道内では珍しい結果を勝ち取った。

協定の内容は、猟師はある一定の場所には勝手に入らないとし、代わりに農民は「私有地につき……」の看板は掲げないこととした。

ちなみに、原田青年こと原田英雄は、財団「小清水自然と語る会」が始めた自然創成作業の現場「オホーツクの村」の初代村長であり、宍戸正は現村長、宍戸均の父君である。ついでに追加すれば、小野崇久、町議会議長

小清水の農地の典型的風景。左側、斜めの帯が防風林。野生動物が移動にも使う（コリドー）

の岩船康典も長いこと財団の理事として苦労を共にした人たちである。

もうひとつ付記すれば、このお百姓さんたちと猟友会の紳士協定は、地方自治のなかでも珍しい事例として、新聞にも取り上げられることになった。さらに付け加えれば、原田青年を含め誰ひとり、キツネが好きというわけではなかったことである。

当時鶏卵は、病気のときでないと食べられなかったほどに、お百姓さんにとっては現金収入の大事な糧であった。まして鶏肉なんぞは正月に食べるものと決まっていた。

そのニワトリを時々盗んでは人々を嘆かせた憎きキツネなんぞ、誰が好きといえようか。

それはそのまま、私に対するほとんどのお百姓さんの気持[*3]であった。でも猟友会と渡り合って協定を結んだ。北海道農民の強い自立の精神をみた。

映画と写真集

私のキツネの調査が始まって一〇年が過ぎようとしていた。

当時どう考えても、北海道の行政が仕掛けたキツネ絶滅戦争は負け戦に見えていたし、当のキツネがエキノコックスの虫卵を人の家の中に持ち込むとは考えられない、というのが私の結論であった。

でもそんなことは、とても言えない雰囲気の中で、時は動いていた。

それを証明できるための資料集めに時間がほしい、というのが私の正直な気持であった。そんな中、自然に生まれようとしていたのが映画「キタキツネ物語」[*4]であった。キツネが減り、記録が残せるかとの不安の中で映画製作が始まった。

非難の眼差しが見え隠れする中、四年の歳月を費やして完成。初号ともいえるフィルムを五反田の東洋現像所の試写室でみたのは、一九七八年五月二五日であった。六〇万フィート、ぶっ続けに上映しても一〇六時間はかかる量の映像を、二時間一二分にまとめ上げたもの。感動で涙が止まらなかったのを憶えている。

全国にさきがけての封切は、人口七〇〇〇余、はるかな北の地、私たちの住む小清水町と決まった。ついでに、なんでもついでが好きな者たちが集まって、その年発行した私の二冊目の写真集『跳べ キタキツネ』[*5]の出版記念会をやることになり、その発起人会が結成された。

開拓農協の前組合長であった小山勝廣を代

延々とつづくビート（サトウダイコン）の畝の除草作業

表に、私有地運動を戦った人たちが加わり、総勢一八人が結集することになったのである。誰言うとなしに〈花の一八人衆〉と呼ばれたので、きっと当時としては魅力的な人たちの集団だったのだろう。

映画の上映会兼出版記念会が無事終わり、発起人会と実行委員の合計一七名はその役目を終えた。当然解散、と思いきや、そうはならなかった。花と呼ばれたことに気を良くしたのか、そのまま存続することとなった。

私を含め発起人会は、そのイベントが終わってしまえば意味を持たない。そこで灰色の脳味噌を総動員した。

そして生まれたのが「小清水自然と語る会」であった。「自然を語る」──〈を〉とせずに、〈と〉にしたのが、その灰色の総智といえた。

＊1　キツネ　キタキツネ。イヌ科の哺乳類。北海道、南千島、サハリンなどに生息。本州、四国、九州にすむホンドギツネに比べて、やや体が大きく、白色の差毛《さしげ》が少なく、全体に体色は黄色みが強い。アイヌ語でチロンヌップ、どこにでもいるもの、と呼ばれた。キツネとのかかわりは、本書「原点　獣医と農民とキタキツネと」参照。

＊2　エキノコックス症　寄生虫病の一種、包虫症。エキノコックス属条虫の幼虫が肝臓などの臓器に寄生して重い障害を起こし、手術も困難。キタキツネは宿主とされた。財団、著者のかかわりは、本書「未来に残したいもの」「原点　獣医と農民とキタキツネと」参照。

＊3　お百姓さんの気持　農業者とキツネとのかかわりは、本書「原点　獣医と農民とキタキツネと」参照。

＊4　「キタキツネ物語」　ドキュメンタリー映画。制作はサンリオ。一九七四年、雑誌「アニマ」編集長の高橋健とともに企画を開始、動物監督を担当し、七八年七月に公開。

＊5　『跳べ　キタキツネ』　一九七八年七月四日、平凡社刊。この写真集の本文（序、キタキツネの里）を本書「原点　獣医と農民とキタキツネと」に収録。

湖畔のちいさいおうち　一九七八年

凍結した湖面で朝をむかえたハクチョウの群れ

花と野鳥のユースホステル

小清水町の西側、網走市との境界は、濤沸《とうふつ》湖《こ》という湖、そこへ流れ込む浦士別川《うらしべつがわ》によって分けられている。

湖は東西に細長くひょうたんの形をし、そのくびれの部分は橋となっている。

その橋の東の湖岸に、中山記念小清水ユースホステル（現小清水はなことりの宿ユースホステル）がある。協会直営のこのユースは建設時、会長であった中山正男氏の功績を記念して建てられたものであった。旅人に牛の遊ぶユースホステルとして楽しんでもらえたら……といった夢を内包していた。

その記念のユースが計画されたときに、ペアレント（管理者）として登場したのが菊池隆司、隆子の二人。夫婦である。

隆司は当時北海道大学農学部の職員、隆子は北海道庁の職員であった。山の好きな二人だったので、山小屋を運営するという夢を持っていた。

湖岸の、しかも隣家といっても二〇〇メートルくらいの所に農家が一軒あるだけの、すばらしい環境であったことから、日本で始まったスタイルの鳥好き、花好きの旅人のための宿としては最高の場であり、夫婦にとっても夢に一歩近づけた職場といえた。

隆司は花の一八人衆のひとりであった。ただ、皆と違うのは、酒を飲まない人であった。下戸であったかどうかは定かでない。

二人には文化の匂いがした。本が好きであった。特に絵本は大好きで、私たちは遊びにいっては勝手に引っ張り出して楽しんだ。

ある年、新しく小屋を建てるという話を聞く。

原生林をすみかとする大型のキツツキ、クマゲラ

かつてユースホステルが理想に燃えた時代。その利用規定がそろそろ時の流れに合わなくなっていた。そのため、ユースの建物から離れた場所で、旅を楽しむことがあっても良いのではないかと夫婦は考えた。

あれよあれよという間の完成。総面積六坪。ユース本体から三〇メートルくらい離れた、湖岸の波音が聞ける地であった。小屋の名は「ちいさいおうち」と決まった。アメリカの絵本作家、バージニア・リー・バートンの作品から借りたという。

「ちいさいおうち」で

設計者は旅人の鹿野宏さん。彼は私のキツネの本の出版記念パーティの焼肉担当係として手伝ったとあとで聞いた。余談だが、後年、私の野生動物のための傷病センターの設計もしていただく恩人である。

キツネの本の出版後、解散を忘れたパーティ発起人・実行委員は、総勢一七名で、私を入れて一八名となる。時々理由をつけて面々が集まったのが「ちいさいおうち」であった。

小さい会が「ちいさいおうち」に集まり、大きな法螺を吹き始めている、と揶揄されたのもこの時期だった。〈自然〉という言葉を口にし始めていたからだった。知床の自然が話題になり始め、何でも流行に乗りたがる族とみなされたらしい。そうは噂されても、まず会に名をつけなくてはならない。

一八名中、会長をはじめとして九名が農業者、すなわちお百姓さんである。残り九名中、三名は獣医師、公務員三名、団体職員三名。団体職員といっても農業関係の職場。いわば菊池隆司（公務員）を除く多くが農業関係者といえた。

私はおもしろいと思っていた。それまでは、自然のことを考えたり、口にする人の多くは、自然からはるかに離れた都市という、約束事で成り立つ地に住んでいる人たちだった。

朝起きて会社に出かけ、仕事をする。その約束事の結果、食べることが保証され、生きる予定の立つ人々。赤信号であれば立ち止まる。青なら進める。そうすれば道路でも、ある意味安全が約束されている人々。

これに比べて、お百姓さんたちは、いくら朝ちゃんと起きて――いや人より早く起きて――畑に出て働いても、最終的に御天道様のあり様でその年の収穫は決まる。何ひとつ悪いことをしていないのに台風、大雨がくれば、一年の努力が一瞬で無になる。

考えると、自然とは、日々闘い続けるもの、

エゾスカシユリやエゾカンゾウなどが咲く小清水原生花園

可能な限りねじ伏せておきたいもの、と思うのが本当のところではないかと思っていた。

そんな人たちが、キツネの本、キツネの映画のお祝いパーティの発起人となり、終わっても散ることもなく会として続けようというのである。

どんな名になるのかワクワクであった。名はあっという間に決まった。

「小清水自然と語る会」となった。

自然に対する畏敬の念

誰が発案したのか、思い出そうとしても定かな記憶がない。なんといっても「自然と語る」と表現したことに、私たちは今でも胸を張っている。

普通だと、「自然を語る」となりそうである。常に自然の上に人を置きたがるが、なぜか会は目線を低くした。自然を見つめ、その声に耳を傾け、そこから学ぼうとした気持を込めて、「自然と語る」にした。

それは長年、戦い、抗っても、どうしてもねじ伏せることのできない自然に対する、ある種の畏敬の念の表現であるように思えた。こうなると、会の規約[*1]に表現される言葉も凛々しい。

設立の目的に、自然の認識を深め、人間性豊かな生活と文化の向上に貢献すると謳い、事業項目の一つに自然の園の建設というのも加えた。また、自然環境の諸問題についての提言という一言もあった。現在私たちがもつ理想を、四〇年前にすでに文字化し、宣言していたということになる。

パーティが一九七八年七月二日、小清水自然と語る会の設立が七月一二日である。

「ちいさいおうち」は、すぐそばの湖面が反射すると、そのまま光が部屋の中に飛び込み、春から夏、シマアオジやコヨシキリ、バンなどの声が、朝のコーヒーを格別な味にしてくれた。秋から冬、オオハクチョウの群れの鳴き声は、私たちが少し酒に酔ったくらいの声の大きさには負けないでいた。湖はハクチョウの渡来地としても有名であった。

いつの間にか、集まれば「今日はどのくらい集まっていますかネ」とか、「昨日、わが家の庭でもコヨシキリやベニマシコを見ました」といった挨拶が、当たり前となっていた。

今思えば、それは菊池夫婦の影響だった。花と野鳥のユースとして、中山記念ユースホステルは全国的に有名になりつつあった。

七〇年代後半、時あたかも、バブルと呼ばれる経済の絶頂期に近づきつつあった。

冬の野鳥観察会。小清水自然と語る会の発足当初

人々が少しその忙しさに疲れを感じたとしても不思議はなかった。その逃げ場所、隠れ場所的に、自然という言葉が新聞、テレビに登場し、私たちも自然とか環境を語ることが普通になりつつあった。

そうしたなかで、私たちの会がいつの間にか、野鳥の会の支部結成の準備委員会のように変化したのには、誰も異を唱えなかった。時代がますます自然を見直す方向へ走り始めたと実感する。

ミニ探鳥会なるものが何度か企画され、会にも会員の増減が少しあったが、中心はやはり前述の一八人だったように思う。

生産者と消費者

日本野鳥の会、小清水支部が正式に発足した。あるとき、参加した一人の男がボソリとつぶやいた。「百姓が双眼鏡をもつ時代になった」と。お百姓さんだった。

本人がそれをどう評価していたかはわからないが、聞いた私は感動した。

七〇年代当時、北海道に和人と呼ばれた日本人が入植し始めて八〇年が過ぎようとしていた。各地で開基七〇年とか八〇年とかのお祝いが企画され始めた。

考えてみれば、多くの入植者は、初めての北の地で暮らす日々である。その荒々しさは想像を絶するものであったはずで、ひと息つく暇もなく始まる近代化という荒波に翻弄され、まるでドン・キホーテや聖セバスチャンの気分で、それに向かって、日々唯々働き続けてきたはずである。

その人たちが双眼鏡を手にして自然を眺める想いというのは、都市に住む人々とはまた違ったものなのだろうと想像するしかない。

会の特徴は前述したとおり、ある種農業者を中心とした組織である。農業者、いわゆるお百姓さんというのは食べ物の生産者である。

イベント的に探鳥会などを企画すると、時々ボソリとつぶやく声がどこからか聞こえてくる。

「こりゃあ、消費者ですなあ」と。

花を楽しむ、野鳥と遊ぶ、釣りをする、山に出かける。どれもが消費者的行動だというのだった。事実、鳥を見るのだと、五人くらいで歩いた跡は、みごとに踏み荒らした跡として草原に残っているし、私みたいにキツネを観察するといって座り続けた場所は草のはえない裸地となっている。

〈自然を楽しむということは、自然を消費して楽しむということらしい……〉という論で

オジロワシの営巣

ミズバショウ

ある。

お百姓さんたちは、食べ物を食べる消費者に対して、常に生産者として対応してきたという自覚がある。

美味しいものと言われれば、おいしい農産品の生産に汗を流す。安いものと言われれば、そのために骨身を削る。安全なものと声があがればそれに対応する。基本的にはいつも生産者であり続けてきた。

誰かが「でも……」と続ける。

「自然は誰が生産しているのだろう」と。

昔は「自然の力は無限です。確実に復元します」と誰かが言ったが、今は誰も言わない。

「それが気がかりです」と話を締めくくった。

私たちは、なんだか触れてはいけないものに手を出したような気分に時々なっていた。

一九七八年、漁業者、柴田鉄之助さんが亡くなった。彼はこの町の中央を流れる止別川《やんべつがわ》の河口に、植えて一七年となる林を持っている。魚付林であった。

＊1　**会の規約**　小清水自然と語る会規約は、一〇条からなる。第1条（名称）、第2条（事務所）、第3条（目的）、第4条（事業）、第5条（会員及び会費）、第6条（役員）、第7条（顧問）、第8条（役員の任期）、第9条（総会、臨時総会、役員会）、第10条（会計）。附則で規約の施行を、昭和五三年（一九七八年）七月一二日とした。

会の「目的」と「事業」を次のように定めた。

第3条（目的）　本会は小清水町の自然環境及び生物の保全、自然資源の保護育成につとめるとともに学術研究調査を行ない、これが後世に受け継ぐ一般の認識を深め、人間性豊かな生活と文化の向上に貢献することを目的とする。

第4条（事業）　本会は前条の目的を達成するためにつぎの事業を行なう。　1自然に関する調査研究及び資料の収集　2自然保護区域の設定及び自然の園の建設　3自然保護思想の普及宣伝、年四回の会報の発行　4自然保護上必要と思われる問題についての提言　5自然保護に関する内外諸団体との連絡提携　6その他前条の目的を達成するために必要な事業

（「オホーツクの村　建設について」より）

ひとりの漁業者の死　一九七八—八一年

オホーツク海側から見たオホーツクの村。白い幹は落葉したシラカバ

魚と森林との共生関係

一九七八年一二月一一日、ひとりの漁業者が亡くなった。柴田鉄之助さんである。

柴田さんは、魚付林として河口に広い林を持っていた。昔から魚は森林と共生関係にあった。かつて北海道でも、ニシンを魚肥にするため、漁場に近いところの山は丸裸となった。ニシンを釜茹でにするための燃料に使ったのである。

しっぺ返しはすぐ来た。ニシンが回遊してこなくなったのである。かつて獲っても獲っても湧くように回遊してきたニシンが消えたのだ。

後年になって、原因はニシンが回遊する海岸線の環境が変化したからだと知る。燃料として伐って、丸裸にしてしまった森が関係していたことを。

私もサハリンやカムチャツカで廃村となった場所を何カ所もたずねたことがあるが、いずれもニシン漁で栄えた跡地。周辺に木は一本も残っていなかったのである。

亡くなった柴田鉄之助さんは、このことを十分理解していたらしい。

誰からも評価されずに無視されていた河口の湿地に、木を植えたのだった。その面積二二ヘクタール余。植えてから一七年が経っていた。

遺族がそれを売りたいと言っているらしい……という話が、月一回開く例会の時に出た。植林地のすぐそばに、私が小さな家を借りて、生態学を学ぶ学生のために使わせていたのを、皆が知っていたからだろう。学生たちは主として院生で、ほとんどが北海道大学生。その中の数人が、亡くなった柴田さんの植林地を

背びれを立てて海から川へと遡上するサケの群れ

フィールドにしていた。そのため、皆が少し心配したのだった。

お百姓さんたちの多くは、あんなポヤポヤの幼い林（これは私が言ったのではない）は、もし買えば、あっという間に伐って畑にしてしまう、と断言するのだった。

それでも例会では、「もったいない」と、一七年という歳月と、故人に対する気持を、それぞれが口にしたくらいで、すぐに別の話題へと移ったと記憶している。

柴田翁の残した言葉

次の例会で、冒頭からまたその林の話となった。

時代がそれを話題にした。後々バブルとひと括りに語られる経済の異常なまでの興奮は、農村でも例外ではなかった。

物価はどんどん上がり、当然給料も上がる。一緒にというより、土地の価格がそれを牽引する役目を買ったように先走っていた。

農業も近代化という題目の中で、規模拡大が当然視され、土地価格はうなぎ昇り。

そこで、あんなポヤポヤの土地が……注目されていたのだった。

多くの農業者が買収を希望した。町もそれに呼応し、町の農業委員会の中に特別委員会を設置して対応しようとしていると言った。そんな中、亡くなった柴田さんの遺言めいた言葉が紹介された。

「伐らない人に売ってほしい」と。

きっと亡くなった柴田鉄之助さんも存命中、時代の流れをわかっていたに違いない。

例会は、よくあることだが酒の席となった。酒は集まった人たちの気持を鼓舞した。幼い頃の自然の豊かさ、その中で遊んだ日々。魚を釣り、虫を追い、秘密の基地作り等々、語ることの多さに時間を忘れたのであった。

そして突然、誰かが言った。それはまさに突然であったように思い出される。

「買っちまおう」

今思い出そうとしても、誰が言い出したのか定かでない。

「酒のせいだ、あんなバカなことを……」と後から考えてつぶやくこともあったが、そのときはそんなに問題になる発言でもなかったから恐ろしい。皆の気持は、なぜか昂ぶっていたのである。

アルコールはブレーキの踏み込みを弱くする。

買うことが異論なく議決されると、この先の夢が洪水のように溢れ出た。

村の上空を舞うオジロワシ

隣人たちを呼び戻そう!

会報の第二号（一九八一年一二月）に次のような文を載せている。

かつて（といってもたかだか六〇年前では）この地は原始の中にあり、闊歩するヒグマに腰を抜かし、シマフクロウの声に布団をかぶる。キツネの足音にさえ畏怖してきた。

ところがある日、気がつくとヒグマもシマフクロウもキツネも、シマリスやムクドリさえもどこかに消えた。居なくなったのである。彼らは入植以来の隣人たちだった。

淋しい。

「そうだ、皆を呼び戻さなくちゃあ。呼び戻してまた遊んだり、ケンカをしたり、一緒に泣いたり……しよう。だって隣人たちだもの」

　とは言っても、できたてポヤポヤの会には金がなかった。資金なんぞというものはまったくなかった。会費といっても年に一人三〇〇〇円を徴収していたくらいであった。

　購入資金の総額を聞いて、私は肝をつぶしていた。すべて酒のせいだと反省した。酒さえ飲まなければ……。とこれも酒飲みによくある話のひとつだった。面積二一万九〇〇〇平方メートル、代金四一五〇万円。

　ところがその金額を聞いても、誰も驚いた様子を見せない。特に農業関係の人たちは、「まあ、そんなものでしょう」と言っただけで、気に留めようともしない。ハァ～とため息をついたのは私のようなサラリーマン[*1]だけだった。

　当面、銀行から借りましょうと結論して、私たちは遺族の代表である故人の娘さんに会うことにした。

　話し合いはスムーズに進んだ。今思えば、それは私たちの「伐りません。全体を自然の博物館として整備し、未来の担い手である子供たちのためのふる里にしたい」という申し出に、故人の娘さんがすぐに賛意を示してくれたことが全てだったように思う。

　トントンと話が進めば進むほど、お金の問題が目の前に迫ってくる。「銀行といっても、小さな会には金を貸さないだろう」と誰かが言う。また、「すぐに手付金が必要です」と会の発足当初から事務局を担当した平野賢昭が厳かに言った。彼は農協の店舗の係長だった。私たちサラリーマン組は少し顔が青くなった。

　ところがそれもすぐに解決したらしい。

1981年冬、取得したての森で倒木整理をはじめる

〝らしい〟というのは平野が原田英雄と話し合って、貯金を持つ人物から金を借りることにしたのだ。と、後から聞いた。

河股照彦は、小清水町の農民連盟の事務局長だった人で、その言には皆一目置いていた。会は彼から五〇〇万円を借りた。とりあえず債務者は原田英雄、連帯保証人は平野賢昭だった。それが手付金となった。

運命共同体

借金をすると、急に皆が運命共同体の一員のような気持になった。

ここで、その運命共同体、花の一八人衆を紹介したいと思う。

小山勝廣（元、開拓農業協同組合会長）／大出進（農業者）／原田英雄（農業者）／関根正

行（農業協同組合長）／北堀峯孝（農業者）／森浩（郵便局職員）／鈴木泰司（農業者）／山田裕（獣医師）／徳永隆一（獣医師）／重本正俊（農業者）／山下勇喜（農業者）／小野崇久（農業者）／菊池隆司（ユースホステル・ペアレント）／堀邦彦（教員）／堀定子（教員）／河股照彦（農民連盟事務局長）／平野賢昭（農協職員）／そして私、竹田津実（獣医師）。

以上である。

――今年（二〇一六年）の秋、三五周年を迎えた村祭りで、久しぶりに集まった仲間たちに創設期のメンバーの名を読み上げたら、一騎当千、これほどの曲者たちの集団だったのか、と絶句していたから、当時でもよほどの個性豊かな人間たちだったのだろう。

借金をする団体になる道を選んだ小清水自然と語る会は身構えた。初代の会長であった小山勝廣に代わって、大出進が借金の会を背負うことになった。

手に入れる地を何と呼ぶかで論議、結局「オホーツクの村」となった。小清水〈町〉の中に〈村〉を持つことになる。

ポヤポヤ、よちよち、と笑われようとも、子供たちの声がいつも流れる地には、〈村〉が似合うと思ったのだ。

間もなく、その創成、管理の大役である村長として原田英雄、助役として菊池隆司、そして会の大番頭は平野賢昭に決まったのである。

大出会長を含む四役を中心に、地元の信用組合と協議し、買い取りが正式に決まったのは、もう師が走り始めた時期だった。

明くる一九八一年一月六日、土地の売買契約が成立した。

面積二一万八六四一平方メートル、金額は手数料を含めて四二〇〇万円、利息九パーセントであった。

私たちは土地持ちとなったが、同時に借金持ちにもなっていた。

自分たちの所有となると正直なもので、週末は声を掛け合って、村まで出かけることが多くなった。

倒木を整理し、道を作る。巣箱をかける。村の中央を南北に縦断する川をのぞく。遡上の遅いサケがまだいた。オジロワシが毎日上空をゆっくり飛んで来るのを喜んだ。

歩けば歩くほど、いろんな生き物に出合う。誰かが知床に負けないんじゃないかなぁ……などとつぶやいた。

そして村は、少しずつ少しずつ変化を始めた。アメリカ建国のときの精神にも似た言葉が生まれていた。

北の地に、普通人による、普通人のための、普通の自然造りが始まった。

＊1　サラリーマン　一九六三年より、小清水町立農業共済組合家畜診療所の獣医として勤務。獣医師としての仕事の一端は、本書「原点　獣医と農民とキタキツネと」参照。

コラム

オホーツクの村の建設について

何度も皆んなで集まりました。いろんな夢を語りました。そして結論は次のようなことをやろうということになったのです。

一　オホーツクの村を中心とするポンヤンベツの流域、幅一八〇メートルの原始の防風林、オホーツクの海に続くすばらしい原生の花園、そして酪農民の所有する広い放牧地、全てをひとつの生きた博物館としよう。

二　第一に子供たちと自然との直接のふれあいの場所としよう。そのために多くの観察路や給餌台、不凍の人工池などが必要となるだろう。ひとつひとつ造ってゆこうと考えています。

1981年、小清水自然と語る会は、全国に村民を求めるための主旨冊子「オホーツクの村　建設について」を発行した

三　フィールドワーカーのための研究施設をつくろうとも考えています。

四　自然保護思想の普及と研鑽をしてゆくためにあらゆる努力を続けようと考えています。

五　村民の人たちがいつでも参集宿泊の出来る小さなロッジなどがあったらなぁとも夢みています。

六　傷付いた野生動物たちのためのリハビリテ

村を流れる止別川に毎年戻ってくるサケは、森と海をつなぐ使者

ーションの森としても機能させたいと思っています。

七　この地方に息づく多くの野生の生き物たちの営みを年四回の会報でお知らせします。

この地をおとずれた多くの研究者、農民、作家のひとたちにその執筆をお願いし出来ればビアンキの「森の新聞」みたいな世界をつくりあげてゆきたいと考えています。

夢はまだまだ続きます。でも全てが村民の合議で決まります。そういった村を夢みているのです。

現在私たちの会員は次のような呼びかけを行なっています。

ぜひ多くの人たちに参加してほしいのです。

オホーツクの村建設に賛同して下さい。

現在、小清水自然と語る会（会員二〇名）で、オホーツクの村建設に取り組んでいます。昭和五三年に発足して以来、念願の山林原野（面積二三ヘクタール）を求めることができました。これから、この地をオホーツクの村とし、名実共にサンクチュアリーを宣言し、人と自然界とのふれあいの中から受けとるものを、生きる思索の糧として自己の精神世界を豊かにふくらませ、永遠に保存継承していくことを大きなねらいとして、多くの皆様の賛同を求めています。

オホーツクの村の村民になって下さい。

（中略）

村の運営は村民で行ないます。又、村民は本会の会員となります。

業務の執行は、村長、村会議員を選出しこれに当たります。

そして前述のような事業を展開してゆきます。

現在、公益法人格を得るための準備を進めています。

一定の法人格を得、社会的責任のある団体として運営にあたります。

（「オホーツクの村　建設について」より）

あぁ、九パーセント　一九八一年

放牧馬が食べなかった花々が原生花園で咲きほこる

借金を負った会の代表、大出進会長のことに触れておきたい。

彼はいつも少し笑みを浮かべ、会合では皆の話を聴く役だった。酒は強かったが、どんなに議論が沸騰しても大声をあげることはなかった。泰然とする、というのはああいうことをいうのだろうと私は思った。そして最後は決まって「焦らずに、一歩ずつ」といった趣旨の挨拶で、会を締めくくった。

でも私たちの知らないところでは、随分苦労していたと聞いたことがある。

彼を苦しめたのは「どうしてあの場所なのか」という同業の農業者たちからの問いだった。〈あんな〉と表現される土地を、皆で借金までして買う意味があるのか、というのである。事実、当時の町長からは、別の土地を世話するから、あの地はやはり、欲しいと希

「焦らずに、一歩ずつ」

利息が九パーセントというのは効いた。借金は四二〇〇万円。考えるだけで恐ろしくなった。あるとき誰かがうなるようにつぶやいた。「毎日、一万円。借金が増えてゆく」と。

しだいに会合が多くなった。何度も何度も論議を重ねた。本来ならば十分論議したあとに借金をすべきであったが、借金のあとに、さて返済をどうしよう、というのだから……、最後はついつい酒となる。

酒は一同の気分を現実から少し解き放つ。飲むほどに、酔うほどに「心配ない、なんとかなる」という空気にさせた。

「小清水自然と語る」……ではなく「小清水酒と語る会」にしたらと言ったのは、誰かの奥方であると人づてに聞いた。

年に一度架けるドラム缶をつかった浮き橋

望する農家に譲ったらどうか、と打診されたと聞いた。

　大出進の一番の苦労は、私たちの決断の意味と志を、同業者であるお百姓さんたちに対して理解させ、説得することであった。

　特に今から四〇年も前、自然とか環境を口にするのはアカに決まっている、といった風潮がまだ残っていた時代の話である。今でこそ、胸を張れるようなことも、当時は何か悪いことでもしているような気持のなかでの説得であったことを考えると、悲しいくらい大変な日々だったと思われた。その上、妙な噂まで流れた。

「あの連中、今は自然だ、環境だと言っているが、あんなことは法螺話で、やがて解散するはずだ。そのときになって、会の所有物だから、当然会員の中で土地を欲しがっている者に分けられるだろう。そのときに誰のところに、あの土地がゆくのだろうかネェ」と。

当時、大出進はこの町では指折りの篤農家であり、大きい面積の農地を持っていた。村長の原田英雄をはじめとする一八人衆のなかの農業者は、かねてから農地拡大を夢見ていた。噂は、一八人衆のなかの農業者を名指しするようなかたちで流れていたのである。

そんなバカなことは……と否定してみたところで、人の口には戸は立てられぬ。なんとかしなければならなかった。

浮上したのが〝語る会〟を財団化することだった。財団となれば、いかなることがあっても、そう簡単には解散はできない。

これなら世間の人も、妙な噂に雷同することもないだろうと私たちは考えた。

当然のこととして、組織の形態を同好会的なものではない、広く開かれたものにしなければならない義務を負うことになる。

登場したのが、ナショナル・トラストというイギリス発祥の自然保護運動の形式であった。

私たちは、絵本作家として知られるビアトリクス・ポターが、絵本『ピーター・ラビット』の印税すべてを注いで、湖水地方の自然を残した物語として、その運動を知った。その歴史は長い。

ナショナル・トラストは一八九五年、弁護士のロバート・ハンター、社会運動家のオクタビア・ヒル、牧師のキャノン・ローンズリーの三人の活動によって、イギリスで始まった運動である。ちなみに、ローンズリーの友がポターだった。

私たちはそのスタイルを導入しようとした。

イギリス、湖水地方にあるビアトリクス・ポターの家のある町。1991年3月

朝日新聞の記者、木原啓吉さん（のちの日本ナショナル・トラスト協会名誉会長）[*1]のナショナル・トラストに関する報告文などが、勉強会にテキストとして登場して、私たちは確実に……酒と語る会を卒業しつつあった。

トラスト財団への道

私たちは、全国に出資を呼びかけることにした。少し不安だったので、誰かに相談したかった。当時、わが町が気に入って、離農した農家を借りて、一年に一カ月あまり過ごしていた犬養智子に相談した。彼女は何でもおもしろがる人だったから、即座に「やりましょう、やりましょう」となった。

そして、おもしろい友人たちを参加させましょう、と約束した。

出資を募るための作業となった。

一人あたりの出資額を決めなければならなかった。しかしその前に、私たちは、出資していただいた人に、どんなことができるかということを決めなければならなかった。

まずやろうとなったのが、定期的に村便りを送ること。中身は印刷なので問題はなかったが、封筒の宛名書きはそう簡単ではないと気づいた。では何人までなら対応が可能かと考えた。

近い将来、コンピューターがこれほど進化するとは、我々の会の誰も考えていなかったのである。

そこである夕、皆集まって試験的に模擬発送をやってみた。思った以上に悪い成績であった。五〇〇人以上だと対応しきれなくなるかも……というのが結論であった。

今となっては実に単純な話だが、宛名書きの作業から考えて「出資者五〇〇人」と決めたのだ。出資者の数を五〇〇人と決めたが、四二〇〇万円という購入金額で割ると、すっきりした金額にならない。

そこで考え出したのが、子供の出資枠を設けようという案であった。

大人四〇〇人、子供一〇〇人、合計で五〇〇人である。私たちがなんとか対応できる人数で振り分けが決まった。

一人あたりの出資額、大人一〇万円、子供二万円。これで四二〇〇万円となるのである。

そして出資者を〝村民〟と呼ぶといった具体的な方針も決まって、私たちは急に未来が明るく感じられたのだった。

貧乏が知恵を生む

私たちはナショナル・トラストというスタ

オホーツクの村の森。池が見える手前右の草地は、取得した牧草地。役場や野生動物の診療所、人造池などを整備していった

イルを真似ようとした。しかし実態は大きく異なるものであった。ひとつ目の違いは、土地の歴史的、あるいは景勝的な価値である。

最初にこのイギリスの制度を日本に紹介した作家、大佛次郎氏によれば、正式には「歴史的名勝および自然的景勝地のためのナショナル・トラスト」というのだそうだ。日本における第一号は一九六四年に発足、大佛氏を中心とした鎌倉の「鎌倉風致保存会」の運動である。

だが私たちが今始めようとする地は、鎌倉のような名勝地ではないのであった。強いて言えば、一〇〇年か二〇〇年くらい経った後ならば、たくさんの物語を持った地として、やがてそうなるに違いないと思える程度のものである。私たちのこの活動は、そういう地にしようとする第一歩なのだ、ということにしようと決めていた。

そしてもうひとつの違いは、資金集めの考え方だ。

イギリスのナショナル・トラストは「一人の人が一万ポンド寄付するよりは、一万人の人が一ポンドずつを」という基本のスタンスを持つ。

だが私たちのそれはまったく違った。

「一人の人が一〇〇万円を寄付するよりも……」と考えるべきだったが、そうしなかった。今になればそれが一番悔やまれる点であるが、当時としては〝大人四〇〇人、子供一〇〇人〟が精いっぱいの選択であった。

コンピューターの進化を予測し得なかった、「枯れかけた」花の一八人衆と言われても、仕方がなかった。

枯れかけたと言われても、事が決まれば一八人衆の動きは速かった。

その速度を尻から煽って加速させたのは、やはり利息九パーセントであった。利子で毎日一万円も借金が増えてゆくのだ。ボヤボヤしてはおれなかった。

不思議なことだが、貧乏は知を生んだ。知恵である。

どうすればその日の一万円がチャラにできるのか、皆真剣であった。

絵はがきを作った。製作費は、泣きついて値切った。今でこそ、ごく普通の資金集めの手法だが、当時としては画期的なアイデアだった。Tシャツ、トレーナーも作ることにした。

服にプリントするためのオホーツクの村のシンボルマークを……と考えたが、先立つものがない。そこで知恵という名の涙の演技の

森の整備に参加し、風倒木を運びだす子供

出番である。

　平凡社で長くアート・ディレクターをやっていた遠藤勁《つよし》氏に泣きついた。謝礼は村民の一人に迎えるという、御墨付きの紙一枚で解決する。そこから一気に、家族、親類は当たり前、隣人、そのまた隣人、知人、その向こうの知人の知人まで総動員する、村民の募集運動を展開した。犬養智子を先頭に、マスコミ関係者に各々が頼む、お願いする、泣きつく、とやれることは全てやった感があった。

　一九八一年六月二八日、オホーツクの村は開村式を迎えた。

　式の会費は大人五〇〇〇円、子供一〇〇〇円であった。まずは出発できた。当然酒となったのである。嬉しい、涙の酒となった。

　その三日前から毎日新聞は六日間、「オホーツクの村から」という題で、それまでの日々を振り返る記事を連載した。七段抜きの大特集であった。同社の飯部紀昭さんには、今でも足を向けて寝られない気持をもつ。

朝日新聞、北海道新聞にも次々と紹介してもらって幸せな門出となった。

その年（一九八一年）、村民数、大人二六一名、子供八五名。

会が財団法人として認可されるのは、二年後、一九八三年のことである。

＊1　日本ナショナル・トラスト協会　一九六〇年代、鎌倉風致保存会による日本初のナショナル・トラストが始まった。以来、各地で活動が芽吹き、広がったが、全国組織を持たないため、それぞれの団体が独自の活動を展開、発展してきた。その後、勢いを増す開発に対応するネットワークや中央組織が望まれ、日本全体でトラスト活動を推進するため、一九八三年に「ナショナル・トラストを進める全国の会」が結成された。会は九二年に法人化され、「社団法人日本ナショナル・トラスト協会」となり、二〇年後の二〇一二年七月、公益社団法人に移行し、現在に至る。

コラム

オホーツク村への道のり

自然と語る会会長　大出進

私の住む町、小清水は濤沸《とうふつ》湖畔原生花園で知られる、風光明媚で豊かな自然に恵まれた純農村でありましたが、最近やゝあやしくなってまいりました。と申しますのは自然を守り育てていると自負していた農村が、逆に自然の調和を崩していく度合を高めつゝあったからです。

北海道で有数の畑作酪農地帯として気候風土にも恵まれ、ジャガ芋、ビート、小麦などが実によく育ち、加えて乳牛を中心とした牧畜が盛んで、その牧歌的な風景は旅人ならずとも吾れながら美しいと感じますが、一面高い農業生産

雪が消えたあと、トラクターで農地を耕す、春耕し。水蒸気が立ち込める

力が更に生産拡大意欲を刺激し次々に森を拓《ひら》き、山を削りジャガ芋や小麦畑に変わっていきます。

小鳥の囀《さえず》りに暁を覚え蝶やバッタを追い駆けまわした少年の頃が懐かしい想い出になりつつあります。農作物を荒すと目の敵にした野鳥や獣も、この四、五年急速に減ってまいりました。野性の生物が減少するのに反比例して農薬使用量を増やさなければならなくなった因果関係に気がつき、このまま放置していいのだろうか。鳥や獣が好きで、好きでたまらない連中が自然に集まって、その対策を話し合っておりましたが、四年前、竹田津さんの出版記念祝賀会の機会に二〇人程の小さなグループ、自然と語る会を組織し、ささやかな保護活動を続けてきましたが、その活動で得た結論としてこれからも開発は進められていくだろうし、住民が、ここだけは守ろう、という場所をつくる以外はない。鳥獣が安心して住める聖域をと。

取りあえず仲間の私有地を対象にサンクチャリー運動を展開しましたが、活動を進める程に共有地を持って本格的にと夢を描いておりましたところ二年程前に、イメージぴったりの所を発見し、取らぬ狸の皮算用かも知れないのに躍り上がりたい喜びを抑えるのに苦労した想い出がございますが、いざ取得という事になりますと、大変な難関が待ち受けておりました。

我町は北のはずれ、純農村としては桁はずれに地価が高く、取得費をどう調達するか、取得費が調達できてもかなりの資金量から考えて、借入金等の金利負担に耐えられるだろうか。その場所の大半は農耕適地で、農地を寸土も欲しい現状で、農民や農業委員会等の行政機関が理解してくれるだろうか等々ございましたが、この計画を知って下さった町内外の暖かいアドバ

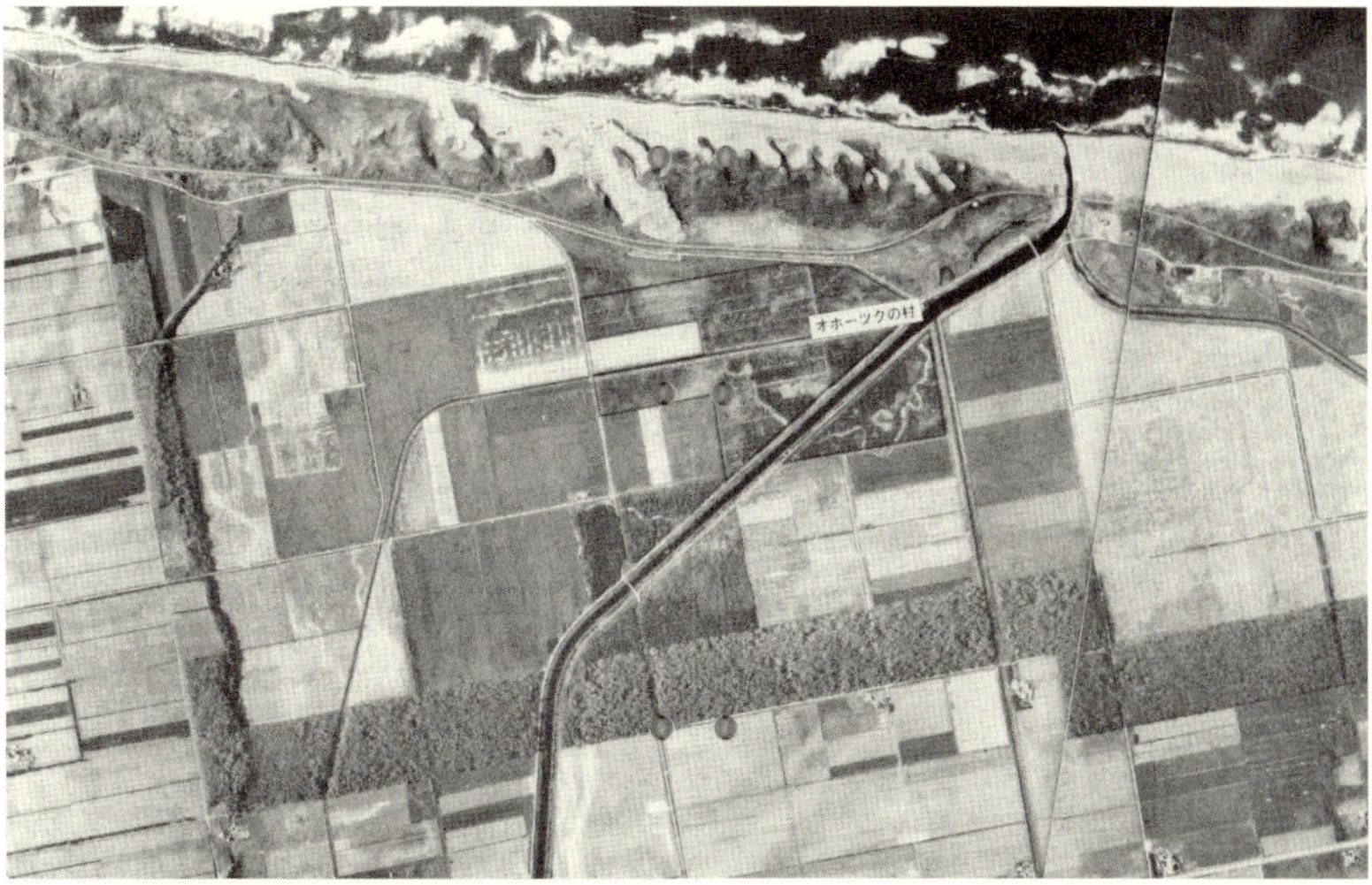

方形に区切られた耕作地のなか、オホーツクの村となる森林が残されていた。写真の中央下、斜めの帯状の森林帯が防風林（国有保安林）。「オホーツクの村　建設について」より

イスや激励、そして積極的な協力の申し出を頂き声援に支えられて実行に踏み切りました。

時すでに農業委員会が農家の要請に応えて農地として斡旋の為に特別委員会を発足させ活動に入っており、理解を得るのに困難を極めましたが、所有者を始め八人の方々の深い理解を得、しかも無理を承知でお願いした価格で、差額は寄付するよとおっしゃって譲って下さいました。

場所は別紙資料でおわかり頂けると思いますが、濤沸湖畔原生花園の一線上にあって、オホーツク海の砂丘の内側に位置し南側は、国有保安林が延々と続き、その地の中をヤンベツ川が流れ、周囲を牛がゆうゆうと草を食《は》む中間の牧草地となっており、所有者のお父さん、故柴田鉄之助翁が、オホーツク海の海風と戦い苦労して植え育てたヤチダモ、白樺、カラマツ等の樹木で覆われ、私達が長い間かけて描いたオホー

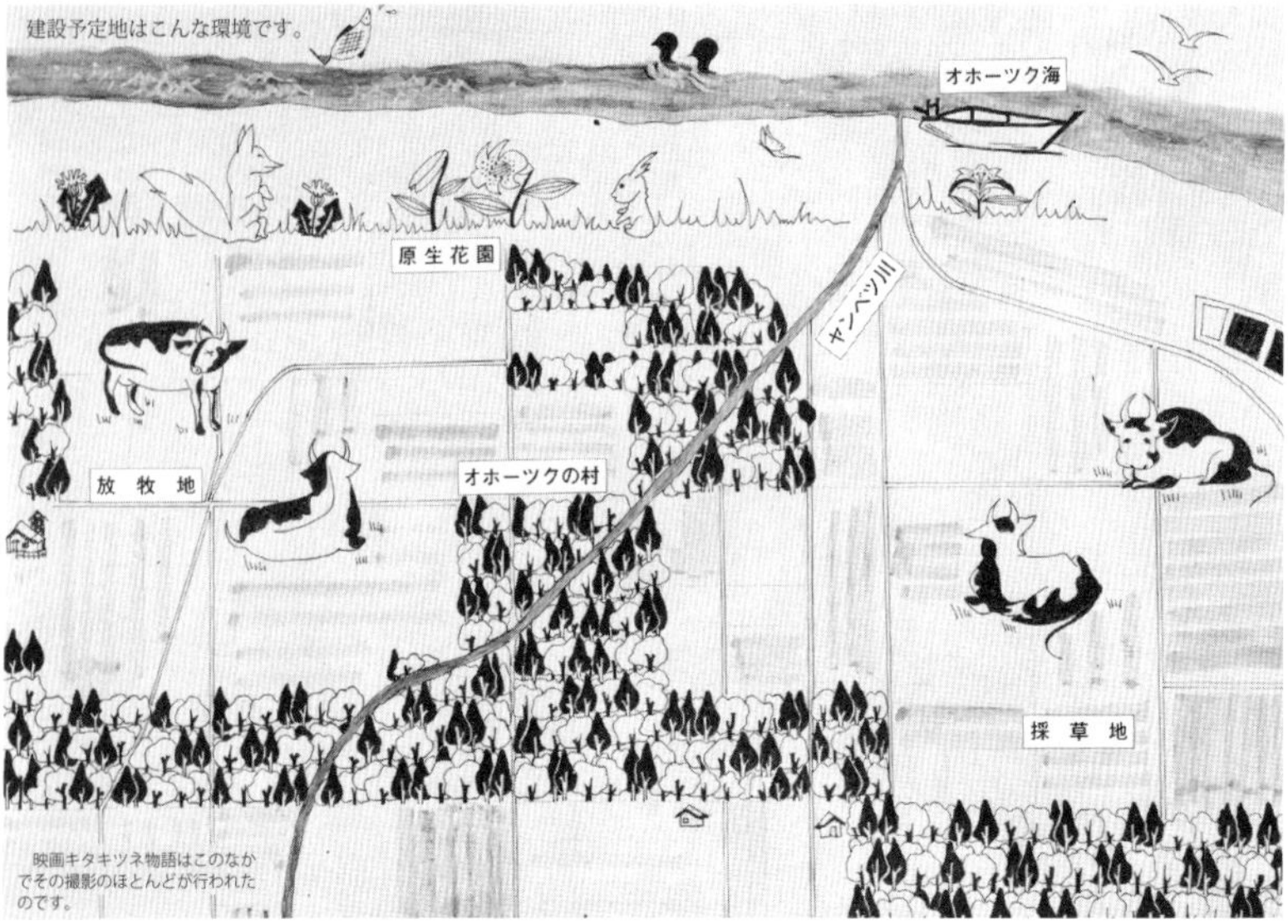

オホーツクの村の模式図。「オホーツクの村　建設について」より

ツクの村としての諸条件を、この上なく揃えている場所といえましょう。

とにかく自然の環境が素晴らしい、四季を通じ多くの鳥や獣、昆虫が住み自然界の厳しくも心豊かな営みが発見され、青少年の自然教育の場所として又、訪れる人々に自然が、どれだけ深く人間とのかかわりあいを持っているか、そして自然を守って行くことがどんなに大切なものか、自然界の生物がいなくなった時は人間の住めなくなる兆しだと知って頂ける事でしょう。

さてさて、夢は限りなく広がって行きますが、どの様な方向で現実の事業として進めるか、連日大議論の末、まとまったのが只今お手元にお届けする内容でございます。いわば妥協の産物であり、試行錯誤の結末かも知れませんが、この事業にかける情熱は、人後に落ちないと自負しております。

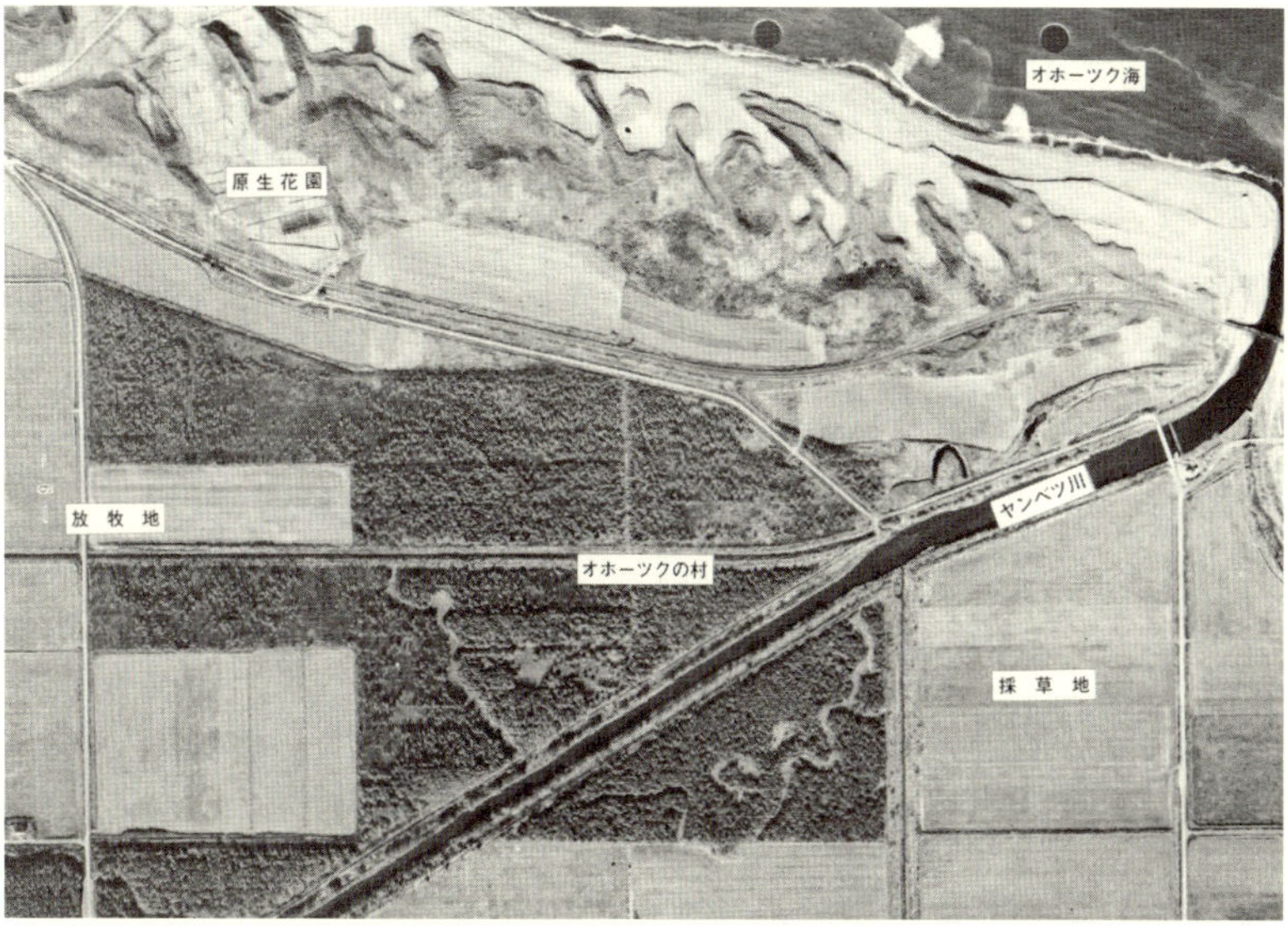

オホーツクの村の航空写真。「オホーツクの村　建設について」より

仲間一同力を合わせ、昨日より今日、今日より明日へと牛の歩であろうとも、着実に進める決意でおります。どうか暖かいご批判ご声援を下さいますと同時に、新しい仲間としての参加をご期待申し上げ、ご挨拶と致します。

（「オホーツクの村　建設について」より）

北の地の表土　一九六五—八二年

春の風、馬糞風は畑の表土をさらっていく

馬糞風と春耕し

春、馬糞風《ばふんかぜ》と呼ぶ強い南風が吹く。

馬が多かった時代、道路のあちこちに撒きちらかされた丸い糞を、コロコロと吹き飛ばす風を人々はこう呼んだ。

オホーツクの海を埋めた流氷群を北へ追いやるという季節の役目をはたすが、時として気まぐれ的に予定外の仕事をして人々を苦しめた。

ついでの仕事。

流氷を追いやったついでに、大地を四散させるという荒業をやってのけたのである。

私たちの住む北見地方というのは雨が少ない。降水量でいえば、日本でも最も少ない地ではないかと思う。それはそのまま雪も少ないことを告げている。春先、そこの道路に転がる馬糞をコロコロと移動させるほどの強風が吹くのである。

大地を飛ばすなんてことは朝飯前といえた。そんな日は、日中でも視界が消えて、車はライトをつけないと危なくて走れない状態となる。

北の地では、一センチの表土が生成されるのにかかる年月は、ゆうに一二〇年は必要といわれている。

ところがある年の風は、畑に播《ま》いた種イモを全部露出させてみせた。播かれた種イモの上には一ミリの土もなかったのである。

みんな吹き飛ばしたのである。

播かれた種イモの上には、普通五、六センチの土がかぶせられている。それが全部どこかに飛ばされて無くなってしまったのだ。

単純に計算しても、一夜の風で自然がちまちまときずきあげた大地、六〇〇〜七〇〇年

馬糞風で表土を飛ばされ、露出したジャガイモの種イモ

分の生成物が消えてしまったことになる。行方不明としたのだった。多くはオホーツクの海に消えていた。変化を告げる予兆は、何年も前から起きていた。

春の風物詩、鳥と競演の春耕《はるおこ》しの風景の消滅であった。

一九六五年頃、この地方の春耕しは、馬が主役であった。トラクターが国の政策で導入されるのはその数年あとからのことである。

春、黄昏《たそがれ》る頃、遠くで働く馬の姿をみるのが好きであった。

トラクターのように単調な音でない。お百姓さんの気持が合体して、ある種の古い作業唄に聞こえて気持いい。そして時々、ババーンと空気がふるえて、馬も人も半分ぼんやりとなる。黄昏の弱い光が、よけいに陽光を散在させた。

犯人はミミズや昆虫を探すムクドリのひと群れである。その数五〇羽を超すだろう。キュン、キュンとバチの音がして、ヤッヤッとお百姓さんの声、そこにババーンと鳥の羽音が参加するのである。

西日で紅くなった丘陵地のあちこちで、同じ風景をみせている。

どこにでもあった春耕しの風景である。それから数年後、みごとにそれは消えた。消滅した。春耕しの主役がトラクターに代わったのだった。

ムクドリも代わった。単なる土煙に。

近代農業という時代の幕が開いたということだった。

沈黙の春

レイチェル・カーソンの『Silent Spring』が、アメリカで刊行されたのは、一九六二年であった。大学を卒業し、北のこの地に職を得た次の年（一九六四年）、その訳本が出た。『生と死の妙薬』といった書名だった。

なかなか厳しい内容だったが、近代化という名の巨大なうねりの中では、それはある種の通過儀礼みたいなもの、日本よりはるかな規模とスピードで進んでいたアメリカという大国の話で、わが国ではトラクターが必要な時代がそのうち来るだろうといったくらいが時代の気分であった。

一九六七年から始まった国の農業政策が、農村の姿を一変させた。

それまで毎年二日間にわたって開かれたわが町の当歳馬の馬市が一回となり、それもあっという間になくなってしまった。

子馬の生産がなくなった。理由は単純だっ

大規模近代農法の導入によって土の力が失われていった

た。子馬を買う人がいなくなったのだ。トラクターがどっとはいり、誰も馬の能力に期待せずとも農業ができることを実感していた。

かつてどこの農家にもあった、馬小屋と堆肥場が消え、代わりにトラクターの車庫となり、農機具庫となっていた。

その中に農薬の散布機が近代農業を象徴するように置かれるのが当たり前の風景となった。

一九七四年、カーソンの『生と死の妙薬』が『沈黙の春』という書名で書店に並んだ。その時になって、うかつにも私たち農村に住む者が、そんな春が、もう自分の庭に来ていたことを知ったのだった。

そう言えば、春の風物詩、馬にひかせた犂《すき》のあとに続くムクドリたちの、ウンカのような舞いをみていない。馬がいなくても、トラクターで畑を耕す。一度に耕《おこ》す幅は、馬のそれの数倍はある。五〇羽なんてものではなく一〇〇羽は超えてもおかしくないのに、鳥はいないことを……。虫がいなくなった。ミミズもいなくなったのだ。

思えば、かつて黄昏の斜光を、ウンカのような飛び立ちで、霧のように染めた鳥たちに代わって、除草剤や殺菌・殺虫剤がまさに噴霧となって大地を包むのが、普通の風景となっていたことに気づいていた。

何もいなくなって当たり前だった。

土は半死であった。野生たちも半死といえた。

バクテリアの死滅

理由はもうひとつあった。

馬やニワトリがいなくなったことである。

入植以来の友がいなくなっていた。

木を倒し、畑とする。畑を耕し、作物を植え、収穫する。全てに馬は参加した。食べてウンチやオシッコをする。どの家にも馬の食糧庫があり、敷きわら用の小屋があった。それと同量の物がはいる堆肥小屋があった。

ニワトリも同じであった。

そしてその糞尿全てが畑の栄養となったのである。作物の栄養分となる前にミミズを育てた。バクテリアを育てた。それがミミズと共同で土を生んだのである。

それが消えた。

代用品として化学肥料である。

使い方も簡単で、お金さえ払えばすぐに手に入る。朝電話すると二時間以内に畑にとどいた。

除草・殺菌・殺虫の薬剤と同様、使えば予

ジャガイモ畑の草取り。有機農法によって土は力を取り戻していった

測された効果があったのである。

ところが同時に予測されない……というより、予測されていたことが登場する。

土壌の劣化である。土が貧乏になった。

バクテリアの死滅だった。皆、バイキンがなくなるらしいと喜んでいたが、バクテリアは土壌の構成者であった。土は生き物の集団であり、その死骸、排泄物、食べ物からなっていることを、誰も語らなかったのだった。土一グラム中に住むバクテリアの数が、日本の総人口と同じだと知ったのは、ずっとあとのことだった。

土が土である形の基本、団粒《だんりゅう》構造は、バクテリアなどの分泌物で維持されている。無くなれば、土ではなく灰である。灰には生物を育てる力はない。そしていとも簡単に風に飛ぶ。

半死の大地が、そこに住む人々を見放し始めていた。

気づき、なんとかしなくてはならないと言い始めた人々がいる。都市に住む消費者が発言する前に、私たちの小さな集まりの中でも、つぶやきが聞こえていた。

自然を創成するのだ、とうたって集まった者たちであれば、当然と言えた。

内水理論

内水護《うちみずまもる》さん*1という人がいる。いや今では正確にはいたと表記すべきであろう。博士号を持つ学者であり、哲学者であり、バクテリア調教師である。

学生時代の学生運動というはしかにも似た熱病に、一緒にかかった友人の友であった。

彼は自然界にある浄化機能を理論化し、技術化していた。「自然浄化法リアクターシステム」と呼ばれた彼の方法論に、私たちはすがろうと考えた。貧しくなった大地の復活と創成に、その技法を生かそうと考えたのである。

私たちが考えたと言うと少し問題がある。町内の若い酪農家が取り組みたいと言ったのが始まりだった。

近代農業化という時代のスピードに、大地は悲鳴をあげていたが、北海道におけるその近代という農業の一方の顔に、酪農が本格的に登場し、飼養頭数は急速に伸びた。馬に代わる大地の栄養源としての糞尿に人々は注目した。

でもあまりにも速い頭数の伸びに、糞尿の堆肥化が追いつけなくなっていた。

それでも、畑には無いよりはと考えた人が

麦畑。気温があがり、土から水蒸気があがっている

いたが、未熟なそれは結果として、流域の水質に問題を表面化させ、下流の水産業や、地域の地下水の悪化となって、人々から低い声が語られるようになっていたのだった。かつては生産資材として重要視されていた家畜の糞尿が、産業廃棄物となろうとしていたのである。内水理論は、その家畜の糞尿の熟成期間を半分以下に短縮する技術を内包していた。

そこで、と立ち上がった若い酪農家の勉強会。当然この技術の紹介者であり、博士の理論の通訳（博士の話し方が難解であったために）である私が、私たちの会合で語り、大地の創成という意味でも会として取り組むべきだと、まあ酒の勢いも借りて力説したらしい。

らしい……というのは後で聞くことだった。

だが一万ヘクタールの広い耕地である。五

〇〇〇頭を超すといったくらいの数の牛の糞尿ではまったく足らず、いろんなものを動員、利用することとなった。そして主産物であるジャガイモのデンプン製造過程で出るデカンタ廃液二〇万トンを液肥化して、大量のバクテリアたちを大地へ里帰りさせるという大作戦が始まることになったのだった。

大地はすぐに反応した。ポヤポヤの風でも飛んだ土は、いまは少しの風でも知らん顔である。大地は確実に昔の姿に戻りつつあった。そろそろ有機栽培の町として名乗っても、どこにもひけをとらない町となりつつあった。

*1 **内水護** 理学博士。東京大学で火山学を学ぶ。一九三四年生まれ、二〇〇五年逝去。生物活性水分野のパイオニア的存在で、一九八〇年代、内水式自然浄化法リアクターを発案し、畜産排水処理で注目を集めた。著書に『土と水の自然学―ベーシック科学論』『自然と輪廻 土・自然・人間・社会―ベーシック文明論』『土の心土の文化―ルビコンの河を渡らないために』など。

出版社がジャガイモを売る

一九八二―八四年

風がふき、おおきくうねる麦の穂

金言

一九八二年九月二五日、ナショナル・トラスト全国大会が、隣町の斜里町で開催された。○回目、いわば立ち上げの会といったものだ。運動の萌芽期、金言が生まれていた。「お金を出そう。お金のない人は知恵を出そう。両方ない人は汗をかこう」である。

誰が言い出したのかは知らない。ひょっとしたら外国産かもと思うが、私たちの日々の気持にぴったり当てはまった。

私たちはその金言をよく使った。それも相手によってはどんどんはしょって、「金を出せ、ないなら知恵を、両方ないやつは汗をかけ」と危うい言葉遣いとなり、それが飛び交う日々が続いていた。

利息で借金が増える。悲鳴に近いその言葉を耳にした人々が、ある日、声をかけてくれた。

「なんとか手伝いましょう」と。

ありがたい。本当にありがたかった。

平凡社という出版社の編集長田中光則、編集者の面々、そして平凡社ブッククラブの社長赤井三夫であった。

当時平凡社が出版していた自然関係の月刊誌「アニマ」[*1]に特集として取りあげてもらう。ついでに……本当についでにといった気分で、「野菜を売りましょう」となったのである。赤井の案であった。

私たちが紹介する農産物であれば、平凡社という歴史のある出版社で売ってもらっても、決して品質にクレームはつかないと、私たちは胸を張っていたのである。

主たる生産者が、私たちのオホーツクの村の古くからの村民であり、現事務局長の苅込

花を咲かせたジャガイモの畑

洋一であった。つけ加えるなら、彼は畑四二ヘクタールを持ち、その地に二ヘクタールの堆肥をつくる場所を持つ。また大出進、原田英雄は前章で述べた内水式システムの中心装置の大型プラントを持っている。

お百姓さんとしての心意気である。

当時、わが町の作業が、わが国でも有機農業の先進的な取り組みのひとつと注目されつつあった。

べニ丸と男爵と

……そこでとなったのである。知恵が登場。その畑でできたジャガイモを売ることにした。「北の大地に森を造りましょう。ジャガイモを食べて一緒に造りましょう」といった気分でやるのだから、人々は半分笑い、半分からかう気分で買ってくれた。作戦はみごとに成功して、利息の一部となった。

それを聞いて赤井三夫は「なんですか、利子の一部ですか」と憮然としたとあとで聞いた。彼がそのシーズンで売り上げたのは三五〇万円を超えていた。一箱一〇キロのものがなんと二三〇〇個も売れたのである。

次の年、画家の安野光雅さんが私たちのイベントにやってきて挨拶。

「出版社がジャガイモを売る時代が来たのだから、農協が本を売ってもいいのではないか」と。名言である。

ついでに記すと、ジャガイモの販売はもうひとつの物語を残した。

マンガ作家、小池一夫さんがホールインワンをやった。ゴルフを知らない私にとっては、それがどれほどの偉業かは知らないが、とんでもないことらしい。大勢の関係者に内祝いを贈るのが慣例だそうだ。そこでと相談を受けた赤井三夫が、紅白のジャガイモはどうでしょうと返答した。

紅いベニ丸、白い男爵という二種類のジャガイモの組み合わせとなった。四〇〇組、八〇〇箱も買い上げていただいたのである。このことも小池さんが自分の作品のなかで紹介してくれたので、販売は全国区となった。それからしばらく紅白のセットが売れたと聞く。

当然のことだが売る野菜の種類が増えた。アスパラガス、タマネギが参加、その後どんどん増えて現在に続いている。

キツネを連れて東京へ

赤井三夫の智についてもうひとつ。

彼の友人か知人の一人に、銀座の松坂屋の主要な人物がいた。どうやらその人に頼んだらしい。その人から電話があって、「オホーツクの村を、もっと東京の人に知ってもらいましょう」という。願ってもないことで、是非にと答えた。やがてこんなスケジュールでと連絡があり、私たちは東京へ出かけることになった。二匹のキツネと一緒に。

銀座松坂屋でキタキツネ・フェスティバルをやりましょうというのだった。映画「キタキツネ物語」の余韻はまだ続いていた。そこで……となった企画だった。

当然、キツネを連れてきてくれなくてはなりません、と付け加えられた。

私の仕事らしいものがやってきたと覚悟を決めた。オホーツクの村に関係する写真のパネル、ついでに私のキツネの写真、当然Tシャツやトレーナー、それにジャガイモなどなど。そしてこれも赤井の提案だったが、北海道の開拓時代からの食べ物、口にすると誰もが、ある種の思い出が口の中に広がるようなものを持ち込んでください……となった。

議論が続いたが「やっぱり、澱粉《でんぷん》だんごだろう」となった。

開拓時代、何もなかった時代、子供にとって最大の夢は、甘いものを食べるということだった。でも砂糖なんぞは夢の向こうにチラチラするだけ。しかしジャガイモはあった。

オホーツクの村
オリジナル
有機栽培野菜
今年も発送します。
おいしさと安心のために
−昔の土で育てました−

有機栽培野菜の発送を伝える「オホーツクの村新聞」1994年9月15日の号外

当時も今も、ジャガイモから澱粉を生産するのが、この地方の主要な産業であり、現在と違って小さな製造工場が各地にあった。

そのため、お百姓さんたちはそれを手に入れ、いろいろに加工して食べた。子供たちが大好きな甘い食べ物だった。

それを花のお江戸に持ち込もうというのである。そうなると男衆の出番ではない。

料理人として四人の女性が選出された。大出洋子、関根周子、菊池隆子、そして北堀和子である。大出洋子は会長の、関根周子は農協組合長の、菊池隆子は前述のように助役である菊池隆司、そして北堀和子は会の監査役の北堀峯孝の奥さんである。いずれも花の一八人衆の相方である。

一九八四年五月二〜八日、私たち六人と二匹は、花のお江戸に汗をかきに出かけることにした。人間六人目となったのは、キツネ係として参加したわが家の末娘だった。キツネは、その年に養狐場《ようこじょう》での事故のため、たまたま入院していた患者に出演してもらった。なにせ食事代も払わず、治療費の請求にも知らん顔の族だから、これくらいは汗をかきなさいと、院長である私の勝手な解釈で連れ出したものである。

黒柳徹子さんにも顔を出してもらい、イベントは大好評という以外に表現のしようがないほどだった。

澱粉だんごが焼ける時間と、キツネを抱くことのできる時間が重なると、一階から六階の催事場までの階段が、人でいっぱいになったと特記できる。

それにしても澱粉だんごは人気があった。世界中の味覚が集まる東京でも、素朴な味が

植樹作業には子供たちも参加した

好評だったことがうれしかった。

イベントの初日、店長なる人が、箱を置きましょうと言って、選挙の投票箱みたいなものを会場に持ち込んだ。

キツネを抱いた人、だんごを食べた人の気持を受けてあげましょう、と言うのだった。ありがたかった。驚くほどの金額が集まったことを付記したい。そして出資者として関東在住の村民が圧倒的に多数を占めたことも。

アメリカの環境団体

後年、といってもそれに近い頃（一九九六年）、私はある環境財団の企図した調査団の一員としてアメリカに出かけた。「アメリカ環境保全型農業調査団」というのが正式の名であった。

おもしろかったし勉強になった。

その調査先のひとつにチェサピーク湾保護財団というのがある。

ワシントンD.C.にあり、周辺の農地から流入する化学物質や流出土壌によって環境悪化が続く湾の保全に、熱心に取り組んでいる組織である。

いろんなことを試みている中に、生産者と消費者を交流させるというものがあった。現在生協などが試みている方法に近いのだが、財団はそこから主要な財源を得ているといった点がおもしろかった。

要は生産者に環境保全型の農法を指導、援助し、生産された農産物を、都市の消費者団体に紹介するといった手法をとっていた。

財団はその両方、生産者であるお百姓さん、消費者である都市の生活者から、農産物価格に上乗せするという形式でマージンを取っている。

その得た資金を財源に、次の活動を展開するといった形態だった。

おもしろいと思ったし、これからの日本での環境団体のあるべき姿のひとつだろうと考えて、ワシントンをあとにした。

次の調査地、カリフォルニア州サクラメントへの機上で、ふとそのことを思い出していた。そしてあることに気づき、思わず「フフフッ」と笑っていたのである。

私が日本で採用すべき方法になると思った。それはすでにどこかでやっているような気がして、どこだったかなあとぼんやり考えていたら、わがオホーツクの村、小清水自然と語る会が、出版社の力を借りて、すでにやっているではないかと……気づいたのである。

妙に自信を持てた旅となった。

オホーツクの村の村民の名札を貼った村民票

邂逅

一九九一年三月、アフリカ。

私はナイロビの街を歩いていた。乾期の終わり、暑いアフリカの一番気温が高い季節。あまりの暑さに店先の木陰のベンチにへたり込む。

ぼんやり眺める街は、かげろうに揺れていた。そのかげろうに重なる人の流れのなかに、思わず目を凝らしたくなるものを見つけた。

黒地に白。丸いプリントに見覚えがあった。ジャンプするキツネだ。思わず腰を上げていた。

近づくキツネのマークがはっきり読み取れた。オホーツクの村の文字も読めた。シンボルマークだった。それもわが村発売のTシャツである。

見知らぬ人であったが、思わず駆け寄り声をかけた。千葉の人だという。

銀座の松坂屋で昔買ったと言った。好きな絵柄だったので、旅に出るときは着ようと考えたという。チャンスが来たと言った。

私は何も言わず、相手の両手を握っていた。遠い異国で親しい友に再会したような気分となっていたのだった。


村の一番北、オホーツクの海鳴りがすぐそばに聞こえる地に構築物がある。看板といっていい。村民、いわゆる出資者の名札を並べて貼り付ける、村民票みたいなものだ。五〇〇人分のスペースがある。

数カ月に一度、新しく村民となった人の名を書いた札が追加される。

だんだん残るスペースが少なくなってゆくのがうれしいし、楽しみである。なぜか、そういう日の記念写真に写るメンバーの顔が一番いいのである。

＊1 「アニマ」一九七三年、今西錦司、中西悟堂を監修に、「広い視野から動物たちの世界をとらえ、自然の中で生きていく彼らの姿を毎月、野生からの声として」読者に届けるとして平凡社が創刊した雑誌。四月創刊号の特集として、「[キタキツネ]その野生の記録Ⅰ」として、著者の「仔別れののち、F18は口《くち》ハッパで死んだ」を掲載（本書一九四頁参照）。

まず一本の木を植える　一九八三—九五年

「北海道楽開拓団」のキャンプ地

屋台骨
利息九パーセントの悲鳴は、人々の理解を産んだ。まず町から援助の申し出。利息の半分は町が持ちましょうというのだ。私たち全員、視界が急に明るくなったと感じた。

だが現実はなかなかに厳しい。

毎月の例会には、決まって印鑑が必要となった。支払い期日を先に延ばすための、手形の書き換えである。

大出進会長は自分が借金をしたような顔つきとなり、「保証人の方々の印鑑を……」が例会の締めくくりの挨拶となった。平野事務局長が各人のところへ、そして散会となった。

作業は単調に見えたが、次の日の銀行などの手続きを考えると、大変なことだったと思えた。

事務局長平野賢昭のことを書く。

当時、農業協同組合の店舗の係長だった。好男子で、歌がうまかった。十八番は「イヨマンテの夜」だった。彼の歌ったあとは誰も歌いたくなかった。時々原田村長が「俺のほうが……」と言って「月の砂漠」を歌うくらいであった。

小清水自然と語る会での仕事には、当時上司の松田正成部長が理解を示し、「いい運動なんだから、一生懸命手伝いなさい」と言ってくれたので楽だったと、あとで思い出として語ってくれた。

借金についてもまったく心配していなかったと彼は言った。それよりも、全国から村民というかたちで出資者が次々と登場してくれて、喜びのほうが大きかったとも。

Tシャツ、トレーナー、絵はがきなどを売

るにあたり、会は事務所を持っていなかったために、主として菊池夫妻のユースホステルが、私たちの社会の窓の役割を担った。

二人の息子、直樹、裕樹の両君が、旅人を相手にがんばってくれた。ちなみに一九八二年の決算書によると、Tシャツ、トレーナー、絵はがきの売上額は合計一七七万三〇五〇円となっている。それらの会計処理をはじめとした膨大な事務量が、平野一人に集中するのだった。

並みの能力でこなせるはずがないのである。彼のその能力が後年、年間取扱高二二二億円という巨大な組織の事務方のトップ、参事へと変身させるのである。

そんな日々、やはり事務所のようなものが必要との結論を得て、町所有の小さな建物を借りることとなった。借りるといっても無料。そして事務員として平野夫人の弘子に半日だけということでお願いした。貧しいながらも事務所が持てたという感じだった。

財団法人認可と村議会

皆、汗を流しに流したと言っていい。

前述したが、一九八三年七月一日、会は正式に財団法人として認可される。日本で一番小さい財団だと言われた。

しかし村議会の顔ぶれを見ると、頼もしい人たちが並んでいる。列記してみよう。

村長は原田英雄、村議会議長は原嘉徳（大分県）。議員として井出幸史（神奈川県）、澤近十九一（東京都）、山本亜里（東京都）、渡辺秀一（静岡県）、西田正規（京都府）、寺田周史（網走市）、小川巌（札幌市）、岩船康典、松田正成、中山寿雄の三名が地元小清水町の住人

である。それに助役として菊池隆司が加わる。総勢一一名の村議員中、町内在住者はわずか三名なのである。

ついでに記すと、「当財団は発展途上ゆえに、村議会に関わる諸経費は自前のこと」という一項が入っていた。全て手弁当でお願いしますと言っているのだった。

基本的には、重要な案件がなければ、村祭りといって年に一回の「会員の集い」に合わせて村議会を開くことにした。

第四回(一九八五年)までは会員の集いという名で呼びかけをしていたが、次の年の第五回からは「村祭り」というようになった。

第五回の年の村民の数は大人三八五名、子供一一九名で、借金はほぼ完済と言っていい状態となっていたのである。

木を植える人

もう一人の人物を紹介したい。中岡善次のことだ。

彼は営林署の元署員であった。三〇年を超す営林署勤めで、森を知りつくしていた。知識と経験、そして人柄が、多くの人たちを魅了した。いつの間にか彼を中心とした人たちが森に集まり作業を始めていた。むろん自然を創造するのである。

まず木を植える……から始まる。

私はNHKが企画制作した「アインシュタインロマン」という番組のなかでミヒャエル・エンデが語った言葉を思い出した。

ある日、聖フランシスコが庭でニンジンを植えていると、通りかかった旅人がたずねた。「フランシスコさま、もし明日、世界がなく

チェーンソーを使った倒木整理作業。右奥が中岡善次さん

なるとわかっていたら、おまえさまはどうするかね？」と。

「私はこのまま植え続けるでしょう」とフランシスコは答えた。

明日が明けてみなければわからない。それまでは植え続ける……というのが、私たちオホーックの村の精神と言ってよかった。

まず一本の木を植える。それで初めて、次が始まると思っていたのだった。

中岡善次の作業は、それを主張しているように思えたのである。

集まった人々は、自分たちを「北海道楽開拓団」と称した。オホーックの村と勝手に連帯する集団といっていい。当時私たちは「勝手連」と呼んだ。

勝手連メンバーの名を記す。

加藤利久（グラフィック・デザイナー）、伊藤三七男（元・電通ヤング・アンド・ルビカムのコピーライター。ついでに記すと出資金を分割にしたいと申し出た第一号の人）、西浦哉（林野庁キャリア）、佐藤理（今で言う華道家）。

オホーツクの村の第二世代を予感させる人々であった。事実、加藤利久は二〇〇二年から村長、伊藤三七男は副理事長として長年活躍、西浦哉は営林署から本庁へ移り、その後は出世コースをつき進む。

中岡善次は天気がいいと、林のどこかにテントを張る。道楽開拓団のメンバーのテントがすぐ近くに増えて、三日もするとテント四、五張のテント村が登場した。

チェーンソーの音がして、スコップの歯が光る。黙々と、当たり前の顔をした男衆の作業である。

中岡は言った。

「今はただの林だが、一〇〇年も経つと、とんでもない森となる。それを約束する木々がいっぱいある」と。それを聞いて私たちは元気をもらった。

自然を造るのだと胸を張ってみせても、所詮私たちは、森造りでは素人。本物を目の前にし、彼らの判断を聞くと、私たちの希望が実現に近づく足音を聞いたような気持になって、勇気をもらうのだった。

道楽開拓団のキャンプに、時々営林署のOBの人たちも参加するようになった。私たちも小さなイベント、森を楽しんでもらうといった催しのなかで、チェーンソー教室などにOBの方の協力をお願いすることがあった。

参加者は大喜びであった。

これも中岡善次の発案だった。

中岡善次さんを偲んでの植樹

オホーツクの村事務所

一九八八年七月三日、念願であった活動拠点、オホーツクの村事務所が、村のある浜小《はまこ》清水《しみず》の駅前に移転オープンする。

小清水農業協同組合の好意で借用が決定、七月三日の村祭りに間に合わせようと、無謀と思われる計画も、中岡を中心とする道楽開拓団の協力で、なんとか間に合わせたのである。

このときにも思ったのだが、いつの間にかできた、村の応援団の層の厚さに感動したものである。

「正月のキタキツネ事件」で前述した原田青年と猟友会との確執のとき、仲介の労をとった町議会議長の岩船康典は、この地方指折りの林業者である。新設の事務所兼直営売店の内装に必要な材木はただちに用意され、それに多くの人々の汗が参加して、どうにか村祭りに間に合わせることができた。

連日の作業には、地元でそば屋を営む松村のおばあちゃんまでが、そばを持って応援に駆けつけてくれた。

まさに総がかりと言ってよかった。

オープニングの日、華道家の佐藤理による、野草をふんだんに使ったみごとな作品が、事務所の中央に置かれ、人々をいっそう華やかな気分にさせた。嬉しいことなので、ついでに報告しよう。専従の事務員として秋松祐子が採用され、次の年、竹田津ましこが継ぐ。安いながらも私たちの会が、初めて有給の職員を置けるようになったことに胸を張った。

一九九五年三月六日、中岡善次が亡くなった。その年の村祭りで、追悼の時間が用意された、皆で記念植樹をした。彼の好きなハルニレの木だった。

村の中央を北のオホーツク海を目指して一本の川が流れている。わが町で一番大きな川で止別川《やんべつがわ》という。

厳冬の日々、流氷で埋め尽くされた海に向かって流れ出る水が、呻吟《しんぎん》するように毛あらしをたてる。

そのなかから、ハクチョウたちの声がする。私たちはそれを眺めながら、新しい計画の第一歩を踏み出そうとしていた。

森林文化賞受賞と国勢調査

一九八六—八九年

オホーツクの村の住人、全身白色の冬毛であらわれたイイズナ

村の「国勢調査」

一九八七年、村民は大人四〇四名、子供一三六名となり、借入金完済となった。

そこで「やれやれ」という気分にはならなかったから、全員まだ若かったということだろう。その年の五月に、隣接する林の三万八二三五平方メートルを購入した。さらに続きがあり、次の年には、残りの同じ面積三万八二三五平方メートルを購入。それまでの土地取得のために投下した資金は合計五六〇〇万円となった。

これで、太古から残された原生の防風林の北側から、オホーツクの海までの地で残った林は、全て財団の所有となった。代わりに、再び負債を背負う日々もまた始まる。会は次なる作業を始めようとしていた。

村の「国勢調査[*1]」である。

私たちは木を伐り、木を植え、時々酒を飲んだが、三〇ヘクタールの森のなかに息づく住民のことを正確には知らなかった。知らないでは、未来を語ることができない。まして計画なんぞも。

それはないだろうとは常々考え、つぶやいていた。

ただ残念なことだが、森の国勢調査に関しては、花の(今は少ししぼみつつある)一八人衆では資質に問題があった。

ヒメネズミとアカネズミの区別がつかない、スズメとニュウナイスズメの別がわからない。タンポポについても、セイヨウタンポポなのかエドタンポポなのかの区別がつかないときもある。

これでは、調査は無理というものである。

「やはり専門家に……」と最後はここにたど

採草地でおこなわれた開村５周年（1986年）の村祭り

りついた。

開村五周年（一九八六年）、七月一二日は盛大な祭りだった。

画家の安野光雅さん、佐藤勝彦さん、評論家の犬養智子さん、開村以来ずっと励まし手伝ってくれた永六輔さん、それに歌手の杉田二郎さん等々が参加し、村に隣接する小野崇久の採草地は、人々に埋めつくされていた。食べて飲んで喋りまくる熱気のなかで、やはり森の国勢調査の必要性が語られていたのである。

専門家に三〇ヘクタールの森の調査を頼むには、いくらくらいのお金を用意すればいいのかを北海道大学の辻井達一先生に聞いたら、「そりゃ一〇〇〇万円はかかりますよ」とことももなげに言う。辻井先生は湿原学の第一人者である。私たちの村の発足当初から、なにか問題があれば気持よく相談に乗ってもらっていた。

特にデルタと呼ばれる、河口の湿原の植生復活には興味が強くあるらしく、会うたびに「あれはおもしろい。やりましょう」とハッパをかけられていた。

その辻井先生が一〇〇万円という。

まず一〇〇万円をどこかでひねり出すという作業の始まりである。

行政官との出会い

朝日森林文化賞[*2]という賞がある。

名のとおり朝日新聞社の主催する、環境保護に対する運動の顕彰を目的とした賞である。「こんな賞がありますよ」と声をかけてくれたのは、環境省の審議官だった瀬田《せた》信哉《のぶや》さん。

確かそのとき、優秀賞であれば副賞として一〇〇万円が与えられます……と聞いた気がするのである。一〇〇万円という言葉だけは聞き逃さなかった。

すぐに一八人衆だけでなく、地元の主だった活動メンバー、いわゆる強者が招集された。すぐさま、チャレンジしようという結論が出た。

瀬田さんにすぐその旨を電話する。そのときになって、次点は副賞が三〇万円だと知る。なんとしても優秀賞をと皆意気込んだ。合言葉は「ジテンではダメだ」であった。

瀬田信哉さんについてもう少し書く。

生まれは大阪だと聞く。環境省の前身、厚生省国立公園部に入り、長く阿寒、南アルプス、中部山岳国立公園などに勤務する。

彼と知り合ったのは、中部山岳国立公園時代ではなかったかと思う。大台ケ原の野生動

エゾアカガエル。北海道の海岸沿いから山地の森林や草原にすむ

物との共存施策に関する部会みたいなところに、北海道の片田舎に住む私のような獣医師を引っ張り出した張本人で、私には勉強になったが、その場にとっては役立たずであったと思う。そんな初対面だった。

いつかどこかの雑誌に書いたが、私はこのとき初めて、日本の環境行政が世間のなかに登場したような気持になり、話の通じる行政官の存在を知ったと思った。

以来、彼とはなにかにつけてお付き合いをさせてもらっている。年がほとんど違わない、お上と普通人の出会いだったので、きっとそれがウマの合う関係を生んだのだろう。

審査には朝日新聞社から宮田浩人記者が同行した。私たちには不安があった。

いつも保護しなければならないような環境を持たない地の者は、環境をつくるしかないのだ、と強がったことを口にしていても、やはり審査という土俵に登ると不安がつきまとう。

このときほど隣の知床を羨んだことはない。いまひとつ、皆、胸を張れないのだった。でもそんな心配のなか、瀬田さんから「これは朝日森林文化賞です。自然をつくるという作業が文化に値するのか、それが今、問われているのですよ」といった意味の電話をもらった。

後年、そのときの主催者の評価について問うたら、「物語を一番たくさん持った森」として は、あの地は立派に文化賞に値すると、結論づけたと聞かされた。

「うむ」と皆頷いていた。物語にはこと欠かない森であった。何日間酒を飲んでも、語りつくせぬほど持っている。妙に浮き立つような気分になっていた。

再チャレンジ

一九八八年五月。

私たちの活動が正式に森林文化賞にノミネートされ、ヒアリングも正式に受けた。

夢は広がる。

ひょっとして、万が一、もしかすると……と次々と言葉が飛び交ったが、無残にも散った。優秀賞ではない。次点だというのだった。

一〇〇万円は消えたが三〇万円は残った。だがそのときに集まった者たちはみごと……というか世間知らずというか、顔色も変えずに、賞を返上するという結論を出したのだった。

そして臆面もなく「来年、再びチャレンジします。よろしく」と言ったのであった。

森林文化賞ノミネート後のヒアリング。左から、瀬田さん、著者、原田さん

　メンバーには勢いがあった。

　それを聞きつけた、北海道庁の強い支援もあって、自然環境保全法人[*3]指定へのチャレンジが始まった。北海道から援助をいただき、森の中に子供たちのための観察路となる木道などを造るといった作業が続いた。

　もし私たちの活動が指定を受けるということになると、国の環境保全に対する大きな転換を意味すると思われていたからだ。〈天然林＝自然〉という概念が、完全に崩れることを意味した。それは同時に自然の創成、再構築という私たちの作業が、社会に認知されるということになる。

　皆張り切り、身構えた。

　一九八九年五月。

　小清水自然と語る会は自然環境保全法人に

認定された。指定二号となった。

一号はあの和歌山県田辺市の天神崎を守る会であった。一号にふさわしいと心から思っていた。

認定のニュースはすぐに全国へ伝えられた。そして全国の村民、友人、知人から電話、電話で皆大喜びの大忙しを味わった。

夜半、東京の友から。長いこと手伝ってくれた男だ。

「なんだい、そりゃ……。まぁ、とどのつまり、酒を飲んでワイワイやったことはよかったネと、お上から褒められたってことかね……」と。

私は全てが瀬田信哉さんたち、新しい感覚を持った役人群の登場に始まったと思っている。

目線の低さである。庶民と同じ目線を有する行政官の登場である。

私たちは「よかったネ」と言ってくれるお上を、ずっと待っていたような気がする。

その一カ月後、六月。

朝日森林文化賞、自然保護部門で優秀賞を受賞した。

ただの自然で終わったかもしれない北の植林地が、「物語を多く持った」ということで評価されたことを意味した。新しい文化と言ってもいいと思った。

当然副賞一〇〇万円をいただく。

おまけと言っては罰が当たるが、大出理事長と一緒に、天皇・皇后両陛下及び紀宮清子内親王殿下（現黒田清子様）とお話ができたことがうれしかった。

古い九州人の私にとっては、やっとオホー

エゾシロチョウの大集団。サンザシなど食樹の枝で集団蛹化し、6～7月に発生する

ツクの村が社会から認知された、と実感した瞬間だった。

間もなく専門家による村の国勢調査が始まった。

＊1　**村の国勢調査**　動植物の調査を「国勢調査」と称した。オホーツクの村の植物リストは、「オホーツクの村 基本設計書」（一九八九年九月　財団法人小清水自然と語る会、有限会社ムーヴ植物設計。一二一頁参照）によると、次である（調査　一九八九年七月二八日、八月三一日。特に多く、目立つ種は★印。科名・種名の順は環境庁植物目録（一九八七）による）。

●シダ植物［四科六種］
とくさ科　スギナ、ミズドクサ
こばのいしかぐま科　ワラビ
おしだ科　オシダ
めしだ科　クサソテツ、コウヤワラビ
●裸子植物［一科一種］
まつ科　カラマツ★

●被子植物―双子葉植物―離弁花類

［二七科七二種］

くるみ科　オニグルミ

やなぎ科　ドロノキ、エゾヤマナラシ（チョウセンヤマナラシ）、エゾノバッコヤナギ、エゾノカワヤナギ、エゾノキヌヤナギ、オノエヤナギ（ナガバヤナギ）

かばのき科　ケヤマハンノキ、ハンノキ、ダケカンバ、シラカンバ★

ぶな科　カシワ、ミズナラ

にれ科　ハルニレ

くわ科　ヤマグワ

いらくさ科　ムガゴイラクサ、エゾイラクサ

たで科　イヌタデ、イシミカワ、ハナタデ、アキノウナギツカミ、ミゾソバ、オオイタドリ、ヒメスイバ、ノダイオウ、エゾノギシギシ

なでしこ科　ノミノフスマ、エゾオオヤマハコベ

あかざ科　アカザ

きんぽうげ科　エゾトリカブト、フタマタイチゲ、アキカラマツ

あぶらな科　ナズナ

ゆきのした科　ノリウツギ、ツルアジサイ（ゴトウヅル）

ばら科　キンミズヒキ、ヤマブキショウマ、オニシモツケ、オオダイコンソウ、エゾノコリンゴ、ズミ、エゾノミツモトソウ、ミヤマザクラ、エゾヤマザクラ、シウリザクラ、エゾイチゴ、ナワシロイチゴ、ナガボノシロワレモコウ、ナナカマド、ホザキシモツケ★

まめ科　エゾノレンリソウ、ヤマハギ（エゾヤマハギ）、アカツメクサ、シロツメクサ、クサフジ

かえで科　カラコギカエデ、エゾイタヤ

つりふねそう科　キツリフネ

にしきぎ科　オニツルウメモドキ、マユミ

つげ科　フッキソウ

ぶどう科　ヤマブドウ

すみれ科　アギスミレ

うり科　ミヤマニガウリ

みそはぎ科　エゾミソハギ

あかばな科　ミズタマソウ、ヤナギラン、メマツヨイグサ

みずき科　ミズキ

うこぎ科　ウド、ハリギリ

せり科　オオバセンキュウ

林床で白い花穂をつけるヒトリシズカ

●被子植物―双子葉植物―合弁花類［八科三〇種］
さくらそう科　クサレダマ
もくせい科　ヤチダモ★、ハシドイ
ががいも科　イケマ
あかね科　クルマバソウ
しそ科　ハッカ、ナミキソウ、イヌゴマ
おおばこ科　オオバコ
すいかずら科　エゾニワトコ、カンボク
きく科　セイヨウノコギリソウ、ヤマハハコ、オオヨモギ★、エゾゴマナ、エゾノキツネアザミ、ミミコウモリ、エゾノサワアザミ、ヒヨドリバナ、ヨツバヒヨドリ、ヤナギタンポポ、カセンソウ、ヤマニガナ、アキタブキ、コウゾリナ、ハンゴンソウ、ヒメジョオン、セイヨウタンポポ、オオハンゴンソウ、ハナガサギク
●被子植物―単子葉植物［五科一四種］
ゆり科　コバギボウシ（タチギボウシ）、オオバギボウシ、オオウバユリ、マイヅルソウ、オオアマドコロ、バイケイソウ
いぐさ科　イ（イグサ）
いね科　コヌカグサ、カモガヤ（オーチャード）、オオアワガエリ（チモシー）、ヨシ

クリーム色の花を10～20輪つけるオオウバユリ

さといも科　ミズバショウ
らん科　サイハイラン、オニノヤガラ
樹木（木本）　一八科四一種
草花（草本）　二九科八二種
合計　四五科一二三種（二科重複）

＊2　朝日森林文化賞　一九七八年、朝日新聞社は財団法人森林文化協会を設立。環境問題・自然破壊問題に取り組み、八二年、「緑と地球を守るキャンペーン」の一環として、朝日森林文化賞を創設し、森林環境の保全に寄与した団体・個人の顕彰を行なった。創設とともに、「21世紀に残したい日本の自然100選の公募」や「緑の地球防衛基金への拠出」もうたった。八九年六月、小清水自然と語る会は、第七回朝日森林文化賞「自然保護優秀賞」を受賞した。

＊3　自然環境保全法人　ナショナル・トラスト活動を通して、自然環境の保全を主たる目的とする特定の公益法人。環境大臣の認定により、所有する不動産に係る不動産取得税及び固定資産税についても軽減措置が講じられる。

不凍湖をつくりたい　一九八九―九三年

人造湖「原田湖」の湖岸にたつ野生動物の診療所

ナショナル・トラスト全国大会

一九八九年は昭和から平成となった年、私たちの村にも次々と変化が起きた。

五月、自然環境保全法人認定。これは私たちの作業に賛同して寄付を申し出た個人または企業に対して、二五〇〇万円までは税の控除の対象になるというもので、国家が私たちの行為を評価するといった意味を示していた。

新しい国の環境行政の第一歩が始まったと、私たちは大喜びしたのであった。

六月三〇日、朝日森林文化賞、自然保護部門での優秀賞受賞、副賞一〇〇万円をいただいた顚末は前章で述べたとおり。

一〇月七、八日。第七回ナショナル・トラスト全国大会が、自然環境保全法人認定を記念し、私たちの町で開かれた。

集まった人々から多くのことを学んだ。そしてこの国の土地制度の無策ぶりが改めて確認されることとなった。

印象に残ったのは、鎌倉稲村ヶ崎の自然と史跡を守る人たちの運動である。以前ある本にも書いたが、それはもう絶望としか表現できない状態にみえた。

押し寄せる宅地開発の波から守ろうとするわずか二・四ヘクタールの丘陵が、なんと坪二〇〇万円というのだ。驚くというより腰が抜けて立ち上がれなかった。運動のしようがない。戦いの挑みようがない。まるでミサイル装備で、押し寄せる強国に火縄銃で挑むの図。戦国時代にタイムスリップした精鋭の自衛隊の映画があったが、それの逆バージョンに思えたのである。絶望である。

それでもあえて、それに異議を唱え、宣戦し、前線に配置された人々の集合である。熱

冬期、湖面は結氷するため、越冬する鳥のための不凍湖化が図られた

があったし、日本の環境元年が始まっていると実感したのだった。

正気の沙汰と肚を決めた人々の集まりだった。

なんとか全国大会を終えて、私たちはまた少し自信を深めていったのである。

その年、会は日本アムウェイ株式会社の環境部門、アムウェイ・ネーチャーセンター[*1]担当者らの電話で、新しい時代への船出を試みることになった。

援助の申し出であった。

牧草地に託した夢

私たちの会はなぜか最初から、企業というものに少し身構えていた。そのため、林を買い取る資金も個人にお願いすると決めた。ある企業から二〇口くらいとか、三〇口は準備できますといった申し出があったと聞くが、ほとんど論議にはならず、常に一個人にこだわった。

アムウェイの申し出も当然その流れに沿うものと考えたのに、誰もその手の発言はなく、「そりゃあ、ありがたい」となった。

きっと長い借金生活に、みんなが疲れ果てていたのだろう。それとも時代の雰囲気が移りつつあったと、誰もが感じ始めていたのかもしれない。

オホーツクの村の西側に一八線とよばれる町道がある。それに並行するように、オホーツクの村の林が広がるのだが、二カ所、東に向かってコの字形に草地がくい込むようにある。三方は財団所有の林である。その中のひとつ、五ヘクタールの草地の持ち主が、会の中心人物、原田英雄と隣接する集落の川井寛仁さんであった。

私たちはそこに夢を託した。

いろんな計画を立て、夢を語ってきたが、資金面だけでなく、そのために広い面積の木を伐ることが、気持のどこかにひっかかり、行動へのスイッチを遅らせたのだと思う。

財団設立の当初から未来を語ってきたが、いまひとつ一歩が踏み出せない。それはいつも、実現のためにどこの部分の木を倒すか、ということで話はストップした。

今思えばみんな木が好きだったのであり、植えて二〇年以上も生きてきた生命が、なんとも愛しいというか痛ましかったのだろう。

ところが相手が草地だと、まったく話は別物になる。あそこへセミナーハウスを建てよう、ここは池である。それも不凍湖がいい。少し小高い山もほしい、となるのである。

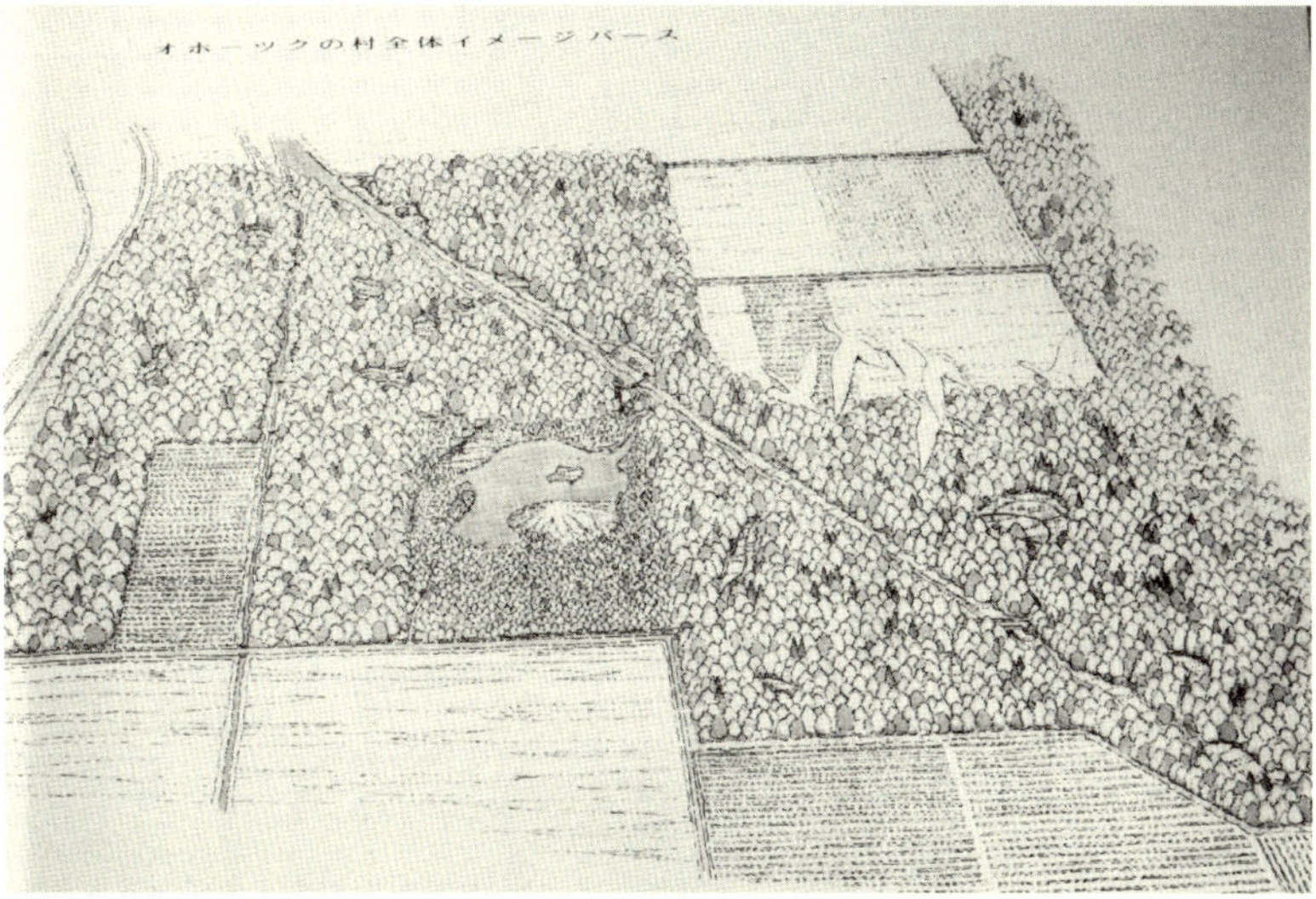

オホーツクの村の全体イメージ図。中央が不凍湖。1989年9月の「オホーツクの村 基本設計書」より

アムウェイの嬉しい申し出は、消えかけた夢がまた一気に近づくのを感じさせる出来事であった。

財団創設の当初から、林のありようを聞くアンケートを何度か村民に問うていた。ゆえに基本的なものは、常に事務方の手元にあったといっていい。

しかも朝日森林文化賞の副賞がまだそのまま残っている。さっそく作業が始まった。

札幌にある有限会社ムーヴ植物設計に委託して、村の国勢調査と基本設計作成の作業に突入したのである。

当然、それまでの村民のアンケートの集計が添付されていた。

やがて「オホーツクの村　基本設計書」[*2]なるものが完成して、語る会設立以来、一一年目にして初めて、具体化した夢の設計書をみんな手にしたことになる。

ムーヴ植物設計の代表に問うた。

完成にはどのくらいみればいいでしょうかと。むろん夢の森としての完成年度のことであった。

まあ八〇年くらいはかかるでしょう。いい森になりますよ、とこともなげに答えた。森の番人と呼んだ中岡善次の「一〇〇年もみれば……すごいものになります」に近い。

森とはそういうもの……と納得しようとした。しかしそこで、私たちは「フー」と大きくため息をついていた。

私たち今いる者は誰ひとり、完成を見ずして彼岸に渡ることになると。

ずっと努力してきたのだから、ため息ぐらいは許してほしいと思ってしまった。

知恵者の登場

一九九〇年一〇月、日本アムウェイ株式会社から正式に寄付を受ける。本当にありがたかった。金額は一七三〇万円。夢のような大金である。

夢の作業を目の前にして、私たちはまた立ち止まることになる。

北海道庁が許可を出さないのである。法律の問題である。

私たちは所有者の了承を得て、資金も用意しているのに、農地法という法律上、それは困りますと言うのだ。

それはその地が農業振興地域と定められて、補助金等で国民の税が投入された地であったため、簡単には許可するわけにはいかないということだった。

それはそうだと私たちも納得するのだが、

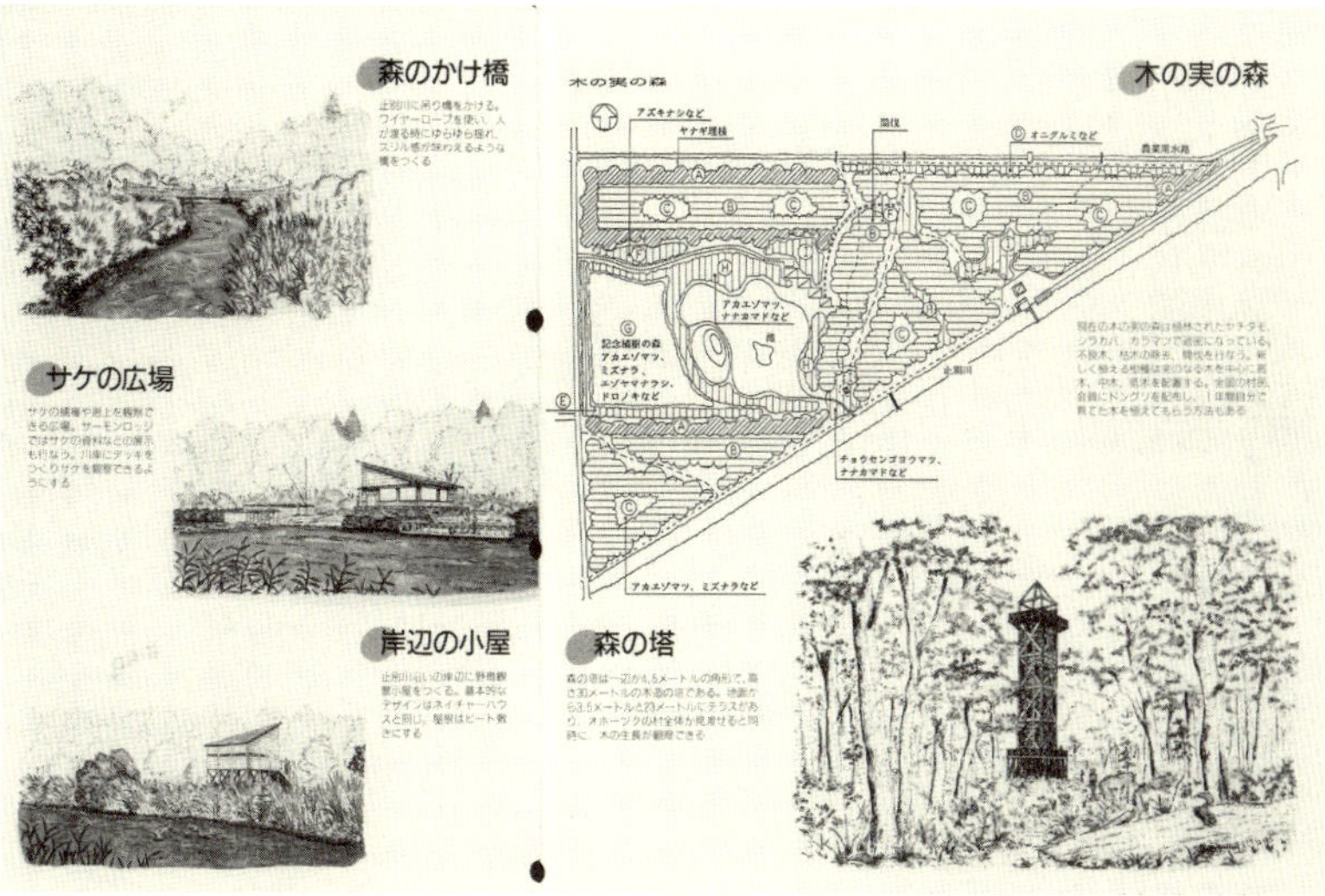

オホーツクの村の施設イメージ。「オホーツクの村 基本設計書」より

ゴルフ場にすると言っているのではないという自負がある。よりよい環境にしようとしているのである。それが……という気持があって、みんな少し苛立っていた。

何度か札幌に出かけた。北海道庁のお役人にお願いである。それであっという間に二年が過ぎた。

そこでお役人の中にもいる知恵者が登場した。一括処理は無理です。分割処理にしましょうということになり、結局三年の分割処理という便法がとられた。

その時になって、苦しんだ私たちは、ゴルフ場の許認可はどうなっているのだろうと怒り狂ったが、堅い行政のなかにも知恵者の存在を知っただけでもよかったと、鉾をおさめることにしたのだった。

その間、手続きの終わるのをじっと待って

くれたアムウェイ、特に担当の鈴江恵子さんには本当にお世話になった。

特に私たちが池、それも不凍湖をつくりたいという気持に理解を示してくれて、小さな野生動物のための診療所を二棟建てることも認めてくれたのである。

北の地は冬期間、水面が消える。凍結するのである。

そのため、多くの水鳥たちが本州の池沼地帯へ渡らなくてはならない。だが未熟で渡れないものもいる。それが毎年話題になる。

私たちの会には、創立当初から三名以上の獣医師がいる。そのせいか、多少野生の傷病鳥獣について関心がある。

小さくてもいい。ひとつぐらい駆け込み寺的な不凍湖があってもいいのではないかと常に思っていた。獣医師だけでなく、村民の中にも、そんな野生に心を寄せる場所があったらと願う人々もいた。

夢の理想郷の近づく足音が聞こえていた。アムウェイから二〇個の巣箱が送られてきた。その次には、都市の高校生の修学旅行のコースに選ばれてやってくる子供たちがいた。彼らもみんな巣箱を作り、林の木々にかけて帰っていった。

次の年、待っていましたと、野生がそれを利用した。

野生動物＝無主物という法律

一九九〇年の日本アムウェイ株式会社の援助の中に、不凍湖と野生動物のための診療所二棟の建設を認めていただいたことに関して、少し説明が必要かと考えたので書く。

元来、野生動物というのは法律的に説明を

修学旅行に訪れた生徒たちによる巣箱つくり

受けると無《む》主物《しゅぶつ》という。誰のものでもありません、持ち主はいませんとおっしゃる。

それではと、銃で獲ったり、トリモチで捕り食べたり、飼ったりしてもいいかと言えば「それはなりません」と説明される。そんな不埒な族が出てはというので、数種の法を用意してそれを防いでいる。

要は誰のものでもないと同時に誰も勝手にできませんと言っているのである。神が管理者であるのかと言えば国です。国家の管理下にあると言っている。

研究、調査のためといってノネズミやモグラを捕る必要にせまられたある人物（歴とした大学の教授ですぞ！）は、その許可申請のために分厚い書類を用意しなければならず、あきらめた、といった事件も起きたと聞く。

そんな時代、自然の中にある農村の獣医師

は微妙な立場に立たされる。

　原因は子供や高齢者と呼ばれる人たちのやさしい心にオロオロさせられるのであった。

　道端に飛べずにうずくまるトビがいた。

　自然とはそんなものです、ほっておきましょうとお上は言うので、大方の大人という忙しい人は見て見ぬふりをする。

　ところがそれができない者たちがいる。

　子供である。人生をそろそろ卒業しようとする高齢者と呼ばれる老人である。

　見て見ぬふりができない人たちである。

　自然とはそういうものと説明しても、「農薬で飛べなくなったものも自然というのかねぇ……」とか、「交通事故ですよ。これも自然といいますか？」と、つめよられたこともある。

　そんなことはなんとか口先で逃げることも不可能ではないが、涙は困る。

　ポロポロと涙を落として「なんとか助けてやってほしい」と言われると、立ちすくむしかない。

　北海道の農村部にある家畜の診療所[*3]がどこもかかえる問題であった。

　なぜか。

　野生生物は無主物であるから、勝手にさわってはいけません。助けるなんてとんでもありません。自然ですから見て見ぬふりをするのです、と行政の出先である役場にとどけても、人間の病院に持ち込んでも、はたまた警察であっても、同じ答えしかもらえない時代が長い。

　野生動物の傷病リハビリ

　ときおり、子供や老人の涙に負けて犯罪者

巣箱を利用するニュウナイスズメ

の仲間入りの気分でこっそり対応してきた人たちがいたが、さて治療費は、入院中の食事代はと言えば、誰も支払ってはくれません。下手に支払いを受けると確実に犯罪者としての身分にさせられる世界です。

そんななか、やっと時代が追いついてくる。法における常識というやつである。

○ルールは破られるために存在する。

○法の世界は民衆の常識から生まれる。

という常識というものが登場した。

結果として、それぞれの獣医師班（獣医師の集まりとして、それぞれの町村ごとに班という小さな団体を持つ）が一定額の予算を積み立てて野生動物の診療にあててもいい、という無主物のあつかいに関する便法である。

しかしそれはあくまで費用は獣医会で持ちなさい。しかもこれは緊急避難的処置と考えて下さいと言っている。

それは緊急の必要によりやむを得ず行なう加害行為でありますと述べることを忘れない。

流す涙に寄りそってもいいのではないか、と思う人たちにとっては無礼なものではあった。

だがここから始まる新しい常識に私たちは期待することにしたのだ。

不凍湖も、厳寒に負けた者たちの避難場所でありたいと願ったし、二棟の診療所の一つは村の不凍湖・原田湖の湖岸に建つ。

治療リハビリの必要な水鳥にとっては最良の環境を考えたつもりである。

診療棟の前に広がる原田湖に設計の当初から六〇メートルの直線の湖面を持つとしたのは、大型の水鳥が飛び立てる滑走の水面の長さを考えていたからだ。

ハクチョウたちは直線にして六〇メートルの水面がなければ飛び立つことはできないのである。

林の中のもう一棟も四方が木々の中に建つ。治療が終わり、出ればそこは自分たちの世界である。困ったら帰ること自由です、と患者には言い聞かせてある。

やがて約三〇ヘクタールの村の中に障害のある野生の鳥獣が生活を始めるかもしれない。

イギリスにあるトラストのひとつに水鳥の、そしてフクロウの森がある。そのひとつ、スリムブリッジをたずねたことがある。普通の野生の群れの中に、治療するも完治せず障害をかかえたままの個体が一緒に生活している。退院していった元患者の一部だと聞いた。

私たちはオホーツクの村が、そんな自然空間を持つ場であってもいいと思っている。

凍結した人造湖の湖面で朝を待つハクチョウ

次の常識が生まれればと、ひそかに願っているのである。

＊1　アムウェイ・ネーチャーセンター　自然保護活動への支援を通して、継続的に社会へ貢献していく拠点として、日本アムウェイ内に、一九八九年一〇月二〇日に設立。トラスト活動により取得した土地を、環境教育のフィールドとして活用したり、野生動物のリハビリセンターの創設など、自然と対話する、ふれあいの森づくりを目指した、オホーツクの村に対して支援を行なっている。

＊2　オホーツクの村　基本設計書　一九八九年九月、財団法人小清水自然と語る会、有限会社ムーヴ植物設計によってまとめられた提言。
〈はじめに〉で、「植林後二〇年近くを経過したカラマツ、ヤチダモ、シラカバが中心の「オホーツクの村」の森を『草や木、昆虫や動物たちと人間が共存できる豊かな森にする』という目標をたてました。そのためには、現在の単純な人工林を多種多様な木や草が育つ森にしていかなければなりません。森の将来に向けて、私たちは「森づくり」とそれらを

見守るためのいくつかの「施設づくり」を提案します。」とうたわれた。計画の基本的な考え方として、〈環境計画〉と〈施設計画〉が示された。

〈環境計画〉として、「森づくり：ミズナラ、カシワ、オニグルミ、アカエゾマツのような実のなる木を中心とした広葉樹と針葉樹の混ざりあった森をつくります。全国の村民、会員による記念植樹を行います。木の生長を助けるため森の中に開けた場所をつくります。」、「子供の森」、「散策路」、「白鳥の池（野鳥の丘）」、「岸辺の広場」などが提案された。

〈施設計画〉として、「ネイチャーハウス（展望、宿泊、研修、展示、野生動物のための病院など）」、「森の塔（樹木の生長を観察）」、「サケの広場（サケの観察施設）」、「森のかけ橋（止別川に吊り橋をかけ、動物たちの行き来をはかる）」、「岸辺の小屋（野鳥観察小屋）」などが提案された。

＊3　**家畜の診療所**　一九六三年、著者は小清水町立農業共済組合家畜診療所の獣医として赴任。診療所業務の一端は、本書「原点　獣医と農民とキタキツネと」一六三頁参照。

力強い応援隊　一九九三―九七年

1993年3月の村祭り。雪原に気球をあげる

一期生の卒業期

一九九三年の村祭りは三月であった。村民から多くの希望があり、ならばと決まったのである。近くのオホーツクの海は、まだ流氷に埋めつくされ、春なのになぜか前日から猛吹雪であった。

会場の変更を考えているなかで、大出進理事長と原田英雄村長が大型のトラクターに除雪機をつけてやってきた。全てが雪で埋まった平地で、二時間轟音を響かせ、会場をつくった。

それに応えるように天空は雲が消えて、太陽は早春のやさしさで会場を包んだ。

これでほとんどの季節で村祭りをやり、村民にこの地の四季を味わってもらったことになった。

さらに、これもひと区切りといえた。

村祭りにあわせて開かれた村議会で、大出理事長の退任が決まった。原田英雄が理事長となり、村長に森浩がなった。森は郵便局に勤める公務員である。

平野賢昭が理事になり、代わりに河股照彦が事務局長と、陣営は大きく変わった。三年後私も副理事長を退いた。

一期生の卒業期であった。

その年、長引いた最後の土地の取得がやっと解決した。分割取得という手法に変えてやっとのことであった。六年を要したのである。

「何かあれば声をかけて下さい」

町外に住む村民、主として応援隊の面々について書く。

山本亜里。平凡社の編集者であった。その技量にすがって、創刊〇号から四年間、「オ

開村5周年（1986年）の村祭り。永六輔さんのスピーチ

ホーツク村しんぶん」の編集、制作をお願いした。後任が決まったあとも、村の議員としてずいぶんと助けていただいた。

木谷静子。大阪の人である。お会いしたときから木谷のおばちゃんで通っていたから、かなりの年齢の方だと思う。菊池夫妻がペアレントとして勤めていたユースホステルの常連客だったが、とにかく体が動けなくなるまでそのユースに六五〇泊以上していたというから、もう小清水の住人と言っていい。

花と鳥が大好きな人で、私たちの村祭りでもその小さな姿が登場するだけで、今年も祭りが始まったと実感させられる人だった。今は故人となった。

永六輔さん。いつも「何かあれば声をかけて下さい」というのが別れの挨拶であった。時々甘えて、何もないのに声をかけた。

それまでの何度かの投げ銭寄席の会。その都度、集まったお金は全て会の何かの足しになればと置いていった。別れるときによく、次はどこへ行くのだと言っていたから、きっと私たちのような貧乏な集まりの応援のために、全国を飛び回っているに違いなかった。神様のような人だと言ったら「いいえ、私は坊主です」と言った。

ギャラはおろか一度も旅費を払っていないのではないかと私は思っている。時々会が始まる前に「○○町はどの方角ですか」と問う。あちらですと集まった人たちが答えると、「ではその方角に頭を下げましょう」と言って、一同起立させ「ありがとう」と言って、深々と上半身を折ったのだった。

そのときになって、どうやら今回の旅費は○○町が支払ったらしいと気づくのだった。きっと前日か前々日に講演会をその町でやったのだろう。

永さんが応援に来るような組織だから、悪いことはしないのだろうと評価が高くなったのは事実といえた。生前どれだけ勇気をもらったか計り知れない。冥福を祈るのみである。

多彩な村人たち

川崎の湯川夫妻。正確に言えば現在は鎌倉市民である。湯川日出男、れい子夫妻が正しい。

湯川れい子という、ジャズだったかの音楽評論家かミュージシャンがいたので、最初はその方だと思ってドキドキしたのだが、会えば旅が大好きなJRの職員で、少し気分が楽になったのを記憶している。

自然や組織というものに関して自分の意見

大人もよろこぶ「秘密基地」つくり

をちゃんと持った人だったので、その助言にずいぶん助けられた。村祭りには初回に参加しなかっただけで、残る三四回は、夫妻のどちらかは必ず参加している。

私の記憶が定かでなくなった昨今、問えばかなり正確に答えてくれる。生き字引みたいな両人に助けられることが多い。村民の関東勢一番の世話役で、一度東京で村祭りをやったときの代表世話係であった。

角田昌弘。船橋に住む人だ。技術者であるが私が知っているのは写真家としての顔である。彼も湯川夫妻と同様、三五年中、最初の一、二回の村祭りに参加していないだけで、皆勤と言っていい。それも本番の二日前くらいからやってきて、裏方として働く私たち現地の人間の手伝いをして過ごす。

写真について言えば私と同様、ネイチャー

系の人物で、オホーツクの村以外のところでは人間は撮らないのではないかと思っている。オホーツクの村の記録係みたいなところがあり、この本にも写真を使わせてもらいたいと思ったがやめた。私の写真が下手に見えても腹が立つ。

島龍二、圭子。鎌倉人である。

島龍二は、広告会社、旭通信社の社員。社員というより役員だった。

マイ・チェーンソーの持ち主である。広告会社の役員がチェーンソーを持つ。営林署のそれとはわけが異なる。オホーツクの村でも、森へ分け入ると出てこない。本当に森が好きな人である。近年、作業年の村祭りといって、働くことを第一義とする祭りが多くなって、酒飲み会の村祭りの方がずっと少なくなったのに、島夫妻は逆に出席率が高くなった。

聞くところによると、鎌倉の自分の山でも終日、木を伐っていることがあるという。飛行機にマイ・チェーンソーを持って乗る図を想像するだけで、現地の私たちは幸せな気分になるのだった。

奥方の圭子には頭が上がらない。私たちの村祭りには、チャリティオークションと称して参加者から賛同金を集めるシステムがある。それぞれが不必要、なかには必要なのだが村のためにと出品するものも多い。彼女はいつも高価なものを持参した。

競り人の私はその価値がわからず、安い値のときに思わず、決定といって手を叩いてしまった。あとで聞くと元値の一〇分の一であったという。反対に私が出す写真パネルなんぞには高い値をつけて、恐縮したことがあった。汗だけでなくお金も出してくれる人であ

オホーツクの村を支える「山の神」たち。前列中央は浅茅陽子さん

った。申し訳ない。

渡辺秀一。大学の同級生である。静岡の人。仕事の上でも付き合いが多いのだが、オホーツクの村開村当初から、何かと力を貸してもらった。第一回の議会から議員である。彼も村祭りには皆勤に近い。正統な常識人である。

その他取り上げたい人が無限にいる。

オホーツクの村は、そんな人たちのお金と知と汗とで、これまで維持されてきたことを記録しておきたい。

もう四〇年近い昔の話。

冬の寒い日、玄関に立つ男がいた。二人連れであった。私は二階の仕事部屋にいた。まずは上がったら、と声をかけて、当然カミさんは酒の用意を始めていた。

まずは一杯、と言うと、一瞬困った顔。そ

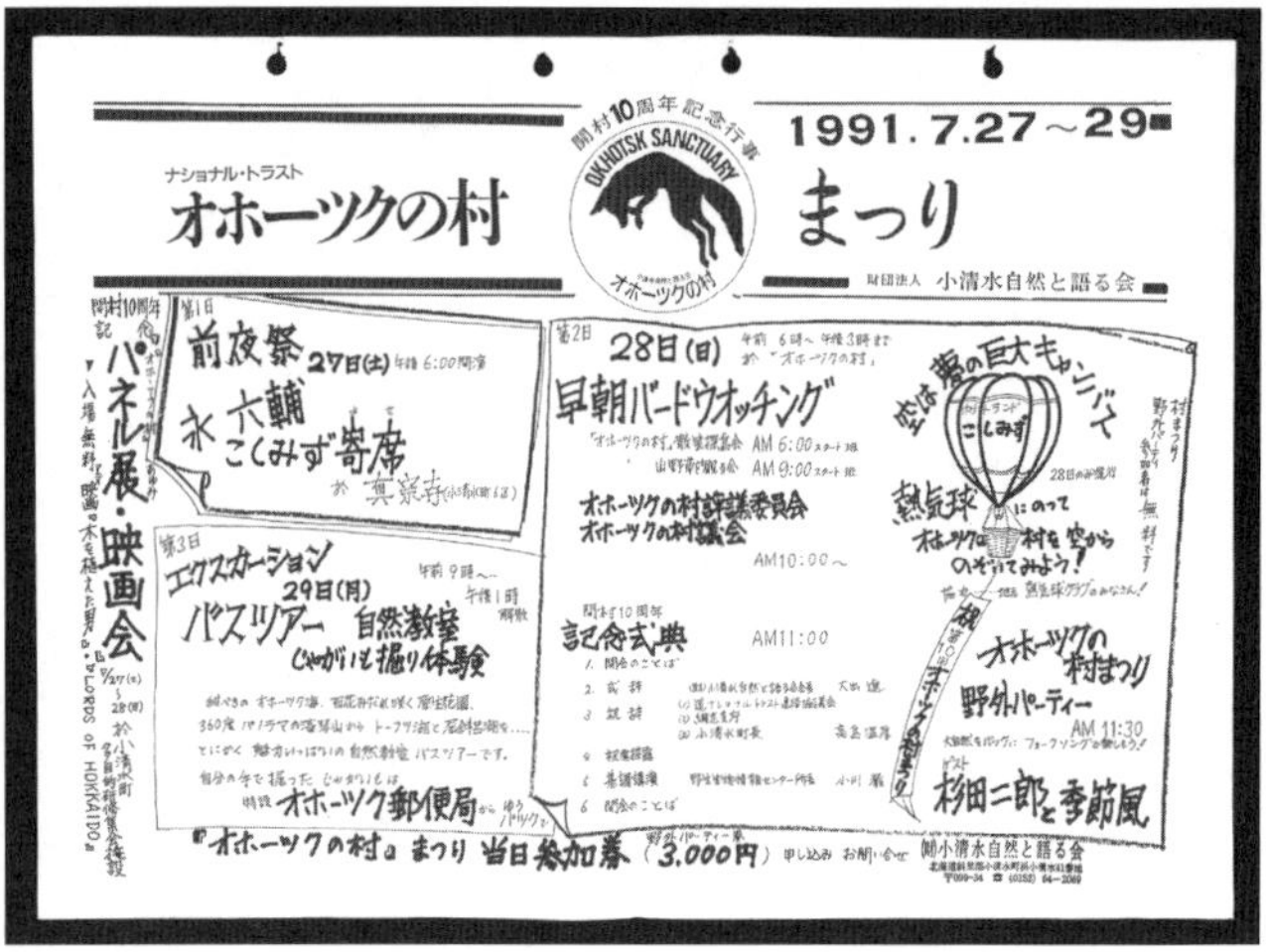

1991年、開村10周年記念の村祭りの案内

こでわが家の法律について説明した。「酒の飲めない人はお断り」。まことに乱暴な話である。少しは、と相手は答えて二階へ。同行の人が十分相手できたので、私は機嫌がよかった。

一時間あまりで帰ることになった。玄関まで送る。「ところで用件はなんだったの」とまことに場に合わない質問をした。二人は顔を見合わせていた。困っていた。一人は辰野勇さん、もう一人が半田久さんであった。

二〇周年の村祭り　一九九七—二〇〇一年

20周年事業として計画された村役場・セミナーハウス

二〇周年記念事業

一九九七年八月。

突然理事の伊藤三七男が私のもとへやってきて、「村長に決めましたから」と宣言して帰っていった。

やっと自由な身で森を眺められていたのにと、がっかりしたのを覚えている。そろそろ村祭りの二〇周年記念行事が、視野の中にチラホラ登場する時期に入っていた。要は金集めに努力せよということらしい。

開村を宣言して一六年、会が誕生して一九年になっていた。

常日頃、行事を計画する度に天を仰いでいた。その日は晴れだろうか、雨かもしれない。雪だったらどうしよう、と天気予報官を採用したくなるような気持にさせられた。

その上、やってくる子供たちのなかに、自然の中でウンチをしたりオシッコをすることができない子が現れた。都会の子だから仕方がないと言っていたら、「いえ、あの子は町内の子です」と報告を受ける事件（?）も発生して、「なんたる軟弱者」と、私たちは唸るばかりであった。

村の設計図はある。木を伐ることなく建物を建てられる土地もある。ことあらば馳せ参ずる人たちも大勢いる。

「無いのは、その気だけではないのか」というのが結論となった。

そこで、とそれらを数年後（二〇〇一年）にやってくる二〇周年という記念行事として実現したい、という気持がボソボソ、グッグツと語られ、だんだん沸点に近づいていた。気がつくと、それが野火のようにあちこちに広がっていった。

焚火は語らいの時間を生む

そして結論、先立つものをまず用意するという、至極まっとうな作業の始まりであった。

焚火とログハウス

ある夜、セミナーハウスの建設をテーマとした会合が開かれた。

その手の夢を語らせたら一流の面々が揃っていた。今で言うアウトドア派、要は自然の中での遊び人たちが無数にいたのだった。

まず広場での焚火から話は始まる。

村には木は無限にあった。整理のため、毎年たくさんの木が生み出されていた。それを村祭りやちいさな集まりのときに焼いた。燃える火を真ん中に語る時間の楽しさは、至福の時を生んだ。

ある年の村祭り、朝四時、テントから起き出して、夜半まで天空を焦がした火のそばに行くと、小学生が三人いた。各々が小枝を持っているところをみると、焚火の管理をしているつもりらしい。「おはよう、早いなあ」と挨拶したら、「まだ寝ていません」という返事が返ってきた。

彼らは徹夜で焚火をしていたらしい。

集まった多くの村民に祭りの感想を聞いても、焚火の楽しさについての話が多かった。次いで、建物については多くはログハウスの夢が語られていた。

ちょうどその前後、北海道でも各地でログハウスを建てることが話題となっており、そこに落ち着くのは必然であった。

そのときになって、私は急にログハウスを持っている人を思い出していた。辰野勇さんである。以前、キツネの写真を借りたいといってやってきたのに、酒を飲んだだけで帰ってもらった人である。

後年、神戸に立ち寄ったとき、一夜を泊めていただいたのが辰野さん所有の六甲のログハウスであった。その快適さと間取りに、私はいつの日にかと思っていた気持を、その日の会合で披露した。

すんなりであったかどうか、記憶にはないのだが、「それにしよう」と決まった。

全てを辰野さんにすがった。モンベルの社長さんであり、そのログハウスを生産・販売するフィンランドのスウォーメン社の日本窓口的な仕事もしていると聞いていた。辰野さんからはマージンをまったくとらずに、全てを引き受けると申し出ていただいた。

こうして私たちの二〇周年記念事業のための作業が始まった。

ログハウス建設工事計画書をみると次のよ

森に囲まれた村役場・セミナーハウスや人造湖

うになる。

総建築費二五九七万一三〇七円、これに対して町からの助成金が一三〇〇万円、借り入れ金六〇〇万円、賛同基金五七七万円、それに財団の自己資金が一二〇万円余となっている（二〇〇二年三月三一日の時点）。

小清水町の並々ならぬ助成が本当にありがたかった。それに賛同寄付者数二八一名というのも心強かった。勇気をもらったのである。

ログビルダーは農業者

二〇〇一年八月六日。

近くの砂丘帯にハマナスが咲き、エゾシロチョウの乱舞が終わろうとしていた。はるかな地、フィンランドからログビルダーのペッカがやってきて、組み立てが始まった。

それより一カ月あまり前、フィンランドを

出たログ材は、シベリア鉄道でナホトカまで運ばれて船へ。そして北海道の苫小牧にやってきた。ペッカへの連絡なども全て辰野社長に頼んでいた。

ペッカは、「私は農業者です。フィンランドでは小麦の生産者をしています。八月は農閑期で、お百姓さんの多くはヨーロッパへ出稼ぎに出ます」と話してくれた。

彼は少し遠出をしたということになる。

通訳は尾上満昭。高校の英語の先生である。ペッカと共に一カ月間、毎日現場で一緒に骨を折った。

ログの組み立てには実に多くの人が参加した。作業によっては多ければ多いほど、また日によっては五、六名といった具合でその都度、菊池隆司や森浩が調整した。財団あげての総がかりといえた。

特に棟上げの日は小学二年生から七〇歳を超す人たちまで大勢集まった。日本だけでなくヨーロッパでも、棟上げとなる一番上段の柱には自分の名を入れるらしく、最初はペッカが小刀で銘を刻む。続いて参加者が各々想いを込めて書き込む。

一〇〇年をはるかに越えた頃、建て替えに参加した村民の孫や曾孫の誰かがきっと見るに違いない、と皆想いを込めたのである。

原田湖と大出山

井戸を掘る。決して水質としては良ではないが、とにもかくにもそれを終わらせる。

数年前からはじめた不凍湖造りも最終盤に入りつつあった。

五ヘクタールの地のうち、二ヘクタール余を湖にと考えていたのに、北海道庁から、そ

フィンランド産のログを組み上げた村役場の棟上げ式

れはなりませんとストップがかかった。元々牧草地としてあった地を、勝手に変更は認めませんというのだ。アムウェイの資金で土地を購入しようとしたときと同じ構図となった。

そして再び知恵者に相談。小さな池を掘って、数年かけて境界を崩しましょう、という作戦である。その最終年がセミナーハウスの建築と一緒になった。

原田英雄と大出進が連日大型の機械を持ち込んで、一帯は大建設の工事現場となった。

皆さんの好意の差し入れが続いたが、私は菊池隆司のことを書き残したい。

彼はペッカが外国人ゆえか、毎日コーヒーを持ってきた。ちゃんと豆を挽き、ドリップしてポットに入れてくるのである。時には飲む人が多いために、午前と午後二回ということもあった。私たちはひと汗のあと、あちこ

第２代の会長、大出進氏に敬意を表して、人造山は命名された

ちに腰を下ろしてコーヒーをすすった。おいしかったし、楽しかったし、嬉しかった。毎日、もうすぐ完成するというのが実感できるからである。

そして完成。

私たちが本格的にやってきたことを、身をもって感じられた日、ビルダーのペッカが日本の片田舎の思い出とコーヒーの味を持って帰っていった。私たちも抱えきれないほどの思い出を抱えて、全国に散ったのである。

二〇〇一年一〇月五～七日、二〇周年の村祭りを開催した。全国からたくさんの人が集まった。

絵本作家のいわむらかずおさんの記念講演、辰野さんの紹介で宗次郎さんの記念コンサート、ログハウスの命名式、人造湖、人造山の命名式と続いた。辰野さんも参加しての楽しいパーティとなった。

ちなみにログハウスは「オホーツクの村役場」、湖は「原田湖」、山は「大出山」となった。

未来に残したいもの　二〇〇三—一四年

開村 25 年のころ、周囲の森は植樹から 40 年余、うっそうと繁っている

第二世代の登壇

村の木々は、植えられてから四二年を迎えていた。どれも大きく堂々と天空へ枝々を伸ばしている姿を見上げて、私たちはひとつの区切りの時がやってきたと感じていた。

二〇〇三年四月二八日、理事会で大幅な役員交代が決定された。理事長に森浩（前副理事長）、副理事長に伊藤三七男と宮原俊之、理事に石原基、原田篤、宍戸均、熊田修二、苅込洋一が選出された。平野賢昭の事務方の大役を苅込がすることになった。村長は加藤利久である。これで第一世代は完全に退場した。代わって、第二世代の登壇である。

退場した我々は、コンピューターの何たるかを知らずにいたら、村はホームページを開き、メール配信を始めていた。

退場の花道となったエピソードをひとつ。

二〇〇三年四月二九日、みどりの日。財団法人小清水自然と語る会は日頃の活動を評価されて、環境大臣の表彰を受けることとなった。

原田理事長が会を代表して受け取ることになり、上京した。東京在住の村民、湯川日出男、記録係として角田昌弘が同行した。理事長の堂々ぶりが報告され、私たちも胸を張ったのである。

山の神

もう少し、語りたい人たちの話をしよう。

会の発足期、花の一八人衆と称したが一組の夫婦を含む。残る一六人のうち多くは妻帯者である。

「獣医さんの祝い事だから」といって出かけたのが、その祝い事が終わったら反省会とな

第29回の村祭りに集まった村人たち

り、そのうち「久しぶりだ」と言って出かけ、「反省会の反省会」なるものが一、二度あって、ある日「会の会合だ」といって出かけた。「小清水自然と語る会」だと言うのだが、「自然を語った」様子はない。……というのが私の聞いた、多くの相方の感想だった。

「要は、語ったのは酒のことだったのでしょう」というのが彼女たちの診断だった。

そのうち、「今日は『語る会』という飲み会のようですが……」と村長に伝言を伝えてほしいといった奥方の言が伝わると、もういけない。

我々は酒の量をほんの少し気にし始めていた。

私たちは花の、なぞと言われた……よくよく考えると、それも一度だったにすぎないが……ことに気をよくしたが、多くはほとんど

オホーツク村しんぶん 1号

夢の実現に向けて

「オホーツク村しんぶん」第１号。
1984年５月17日発行

開村2周年がやってきます

オホーツク村しんぶん 創刊0号

オホーツクの村 開村二周年行事のごあんない

「オホーツク村しんぶん」創刊０号。
1983年６月８日発行

の男性共通の急所を山の神と言われた人たちににぎられた男たちの集団のはずなのに、なぜか集まりはよかった。ということは、花の集団の相方たちが最強の理解者だったのかもしれない。

　そして会の主要なイベントには、いつも裏方として黙々と働いているのは、その奥方たちだった。その時代時代の相方の責任の重さが、そのまま妻たちの責任となっていたのである。

　実名をあげて感謝したい。と書き始めてすぐにあきらめることにした。あまりにも多いのである。その時になって、あらためて私たちの運動が、多くの人たちの汗と知恵で支えられていたのかを知った。不覚であったとさとった。男衆皆、もっと常日頃感謝の気持を表現しなければいけなかったことを知り、

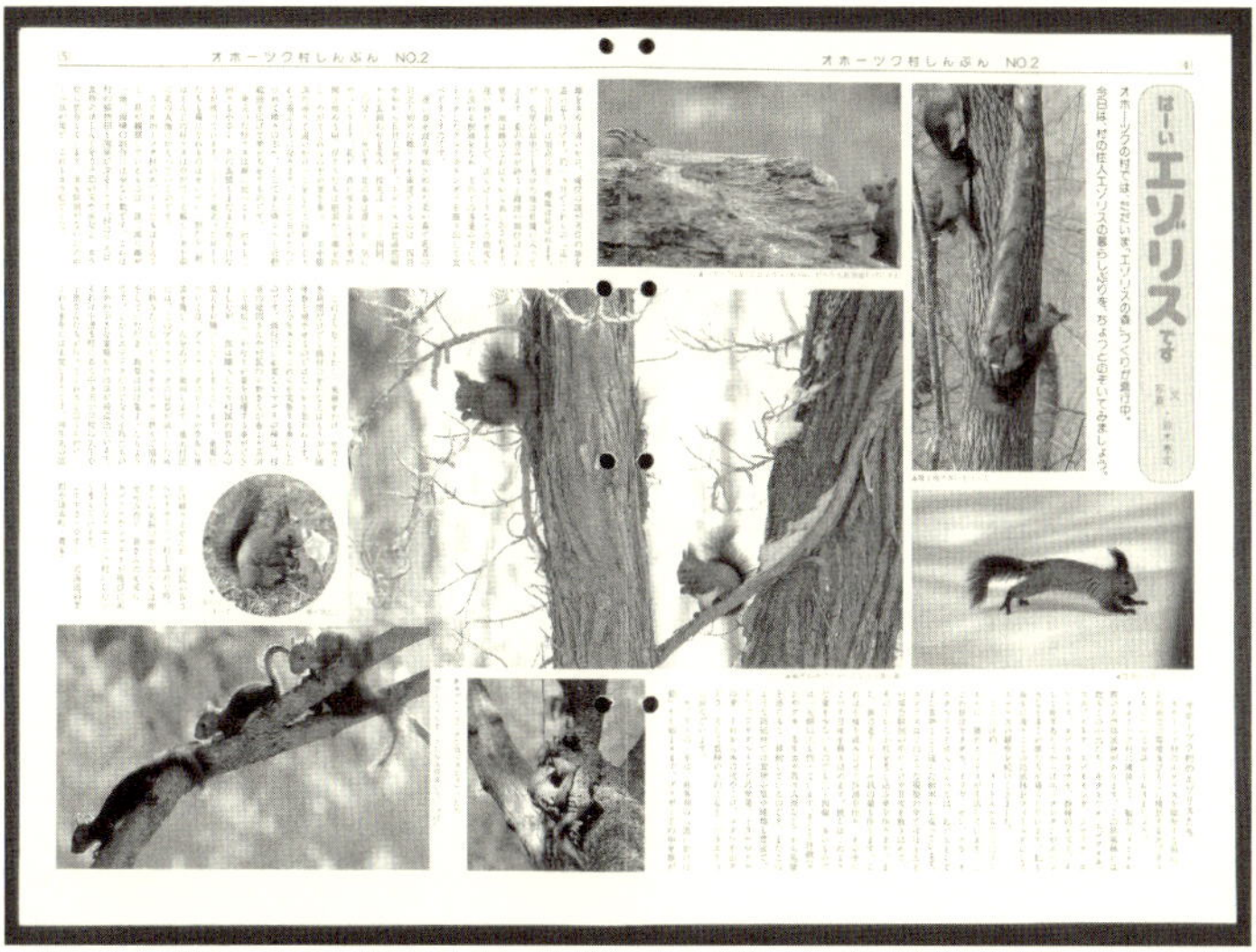
オホーツク村しんぶん NO.2

はーい エゾリスです

オホーツクの村では、ただいま「エゾリスの森」づくりが進行中。
今回は、村の住人エゾリスの暮らしぶりを、ちょっとのぞいてみましょう。

「オホーツク村しんぶん」第2号。エゾリスの暮らしを鈴木泰司さんの写真と文で伝える。1985年3月10日発行

時々口にするようになった。遅い!! と、どこかで誰かがつぶやいたような気がする。

社会の窓

加藤利久はオホーツクの村四代目の村長であることはすでに述べた。中部地方の出身で、独学でグラフィック・デザイナーの地位を自分のものにした。

北海道にあこがれて網走市に住みつく。釣師でもある。いや正確には漁師といったほうがいいかもしれない。川のこと海のこと、はたまた山のことも、彼に聞けば瞬時に答えが返ってくる。今で言う、アウトフィッターということになる。遊び人ではないかと訝る者もいたが、開発庁などの大型の仕事を次々こなす、立派な労働者である。

オホーツクの村しんぶん
A Happy New Year
あけまして　おめでとうございます
1993年1月1日
オホーツクの村
しんぶん
第10号
(財)小清水自然と語る会
第11回オホーツクの村まつり
~流氷と雪の森であそぼう~

「オホーツクの村しんぶん」第10号。1993年1月1日発行

オホーツクの村は「村しんぶん」という会報を発行している。私たちが持っている社会の窓である。

村は小清水町という歴とした町の中にある。当時の町長が言った。

東京へ出ていろんな官庁を回るが、小清水町といっても、どこにあるのかも理解してもらえないが、「オホーツクの村」のあるところですと言うと、多くの人がわかってくれたと語っていた。ということは「村しんぶん」はわが町が持つ社会の窓のひとつとも言えた。品格を必要とした。

品格を支えたのが加藤利久だった。伊藤三七男だった。

伊籐は村建設の出資金一〇万円の分割納入という手法をあみ出して登場した人物である。彼もまた加藤利久同様、自力でコピーライターという地位を確立した。

このグラフィック・デザイナーとコピーライターという二人が組んで「村しんぶん」がある。品格が保たれるというのは当然であった。初代の編集長、平凡社の編集者、山本亜里共々で、私たちの村、町の社会の窓が運営されてきたのである。

無論すべてがボランティアであった。

大小さまざまなサイズでつくられた巣箱

交流年と作業年

貧しい財団の台所をあずかる事務局長の下に事務局員がいる。主だった人たちの名をあげる。

秋松祐子、竹田津ましこ、堀定子、熊田修二等々で、この組織の黒子として支えてきた。

堀は花の一八人衆の一員であり、熊田は村議会の議員としても活躍して現在に至る。

歴代、事務局員は女性が多かったが、熊田は男性だったためか、若い男の村民の話し相手としてよく世話をしていた。参考までに言うと、熊田は後に理事となる。

その中に、角田昌弘や、岡井誠がいる。

村は三〇周年以降、年に一度の村祭りというイベントを交流年と作業年とに分けた。

交流年はいままでと同様に年に一度の近況報告会みたいなものが中心だったが、作業年は植樹、倒木や大出山・原田湖の整備など、肉体労働中心の村祭りとした。二日間、朝から晩までひたすら働く。

当然体力に自信のない者は参加しない。

その時になって角田、岡井、それに杉本勝博を中心とした、主としてカヌイストの軍団が登場した。いわゆる杉本組と呼ばれる人たちの体育系の参加である。

村は進化とは言えないが、少しずつ変化しながら新しい春、新しい秋を迎えたのである。

ハクチョウ渡来地

今野重郎という人がいた。お百姓さんである。ハクチョウの研究者でもある。近くの湖はハクチョウの渡来地として有名であった。当然ハクチョウを楽しむ人は多い。

湖から聞こえてくる水鳥たちの声を聞きながら、四季を知る人生を送ってきた。

秋一〇月、はるか天空を飛ぶハクチョウのひと群れをながめて季節の変わり目を感じ、湖の奥から聞こえるハクチョウの声に秋の渡来を知る。かつて子供たちは家庭で飲んだお茶の残り葉を干して学校へ持参した。学校の帰りに皆集まって湖岸に撒いたのだった。

厳冬期、凍結した湖面で死んだハクチョウたちをみて、海も川も湖さえも凍って、ハクチョウたちが食べ物を採れないことを知る。

子供心は宮澤賢治の心そのもの。

東ニ病気ノコドモアレバ、行ツテ看病シテヤリ、西ニツカレタ母アレバ……、の気持でそれに応えるのである。

茶がらで始まった善意の給餌が、観光という名に代わったが、基本的には皆ハクチョウ好きな、湖岸の住民の作業である。

アンコウ料理を味わった秋の作業

あるとき、学問的な調査がそれにプラスされ、今野重郎はそれをかって出たのだった。当然自然環境の変化には敏感であった。私たちの運動の初期からの仲間であった。

今野俊彦はその子供である。父が亡くなってから、その遺志を受けつぎ、会の小さな集まりによく参加した。そしてあるとき、理事となって、今では主要なメンバーのひとりで、強力な運営者である。

漁業者と農業者の交流

藤本信治は道北に住む、藤本漁業という網元の三代目を継ぐ漁業者である。

東京水産大学（現東京海洋大学）を卒業後、地元に帰り、獲る漁業と同時に育てる漁業の道を採用、巨大な水槽を持つ活漁センターの実質運営者である。

彼が村祭りに参加することがわかると、今年はうまいものが食べられると皆期待した。事実、年によって違うが、旬の魚や貝をふんだんに持ってきた。食べたことのない魚も彼のおかげで食べ、漁師の持つ食文化を味わうのだった。

彼が事情で参加できない年は、私たちはその年は農耕民の食事で終わるとあきらめた。

彼は大型のトラックでやってくる。帰る時は地元で生産する有機の農産物を買っていった。海の民とお百姓さんたちの品々交換が登場して、かつてはどこにでもあったひとつの風景がみられて楽しい。

彼の住む漁業者の町、枝幸《えさし》町の若い漁業者が、内陸の町のお百姓さんたちのイベントに出店し、農産物と海産物が一緒に並べられる祭りをやっている。

いい風景であり、これも彼の生き方を示している。

最強の裏方

そろそろ紙面がつきる。最強の裏方を紹介してしめくくりたい。

三一五〇万四七六四円。一九八六年以降、町が私たちの財団に対して援助した金額である。

オホーツクの村は小清水町が持つ社会の窓のひとつであると認められたのは、高島温厚氏が町長になった次の年のことである。以来、河合淳、林直樹、久保弘志各氏の四代の町長の理解で今日まで来たことを記さなければならない。特に二〇〇五年から始まるキツネにおけるエキノコックス症の浄化作戦には、薬代、検査料金として一一九三万二〇

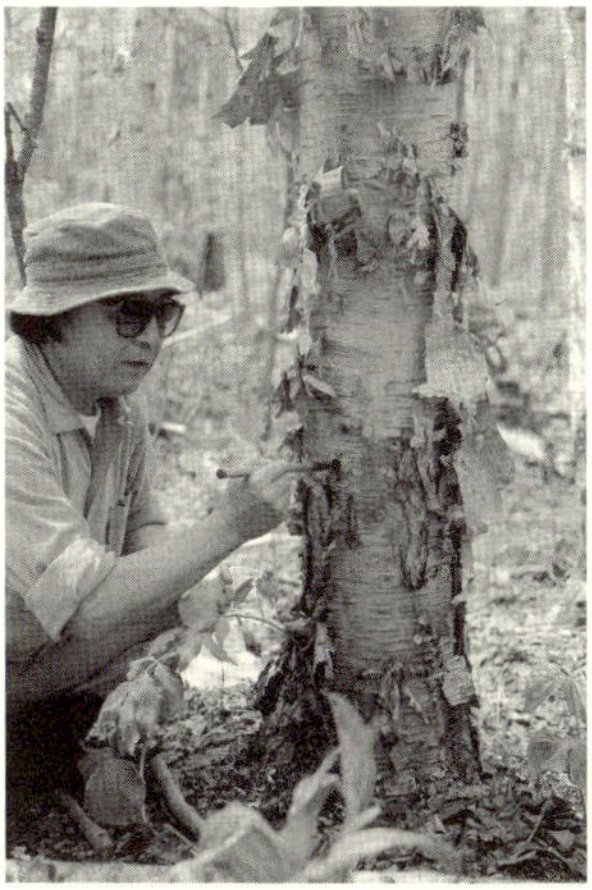

シラカバの樹液を採取する
平野賢昭さん

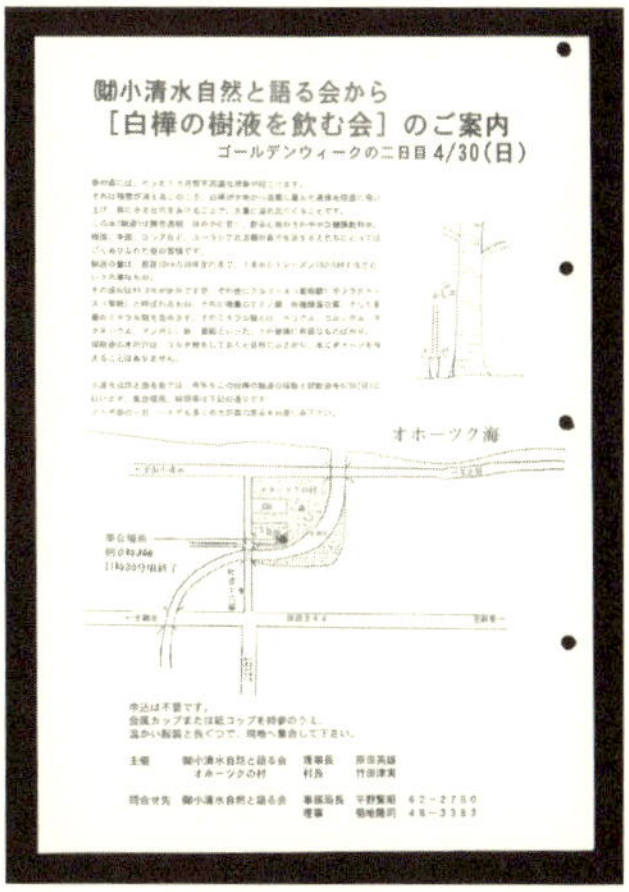

㈶小清水自然と語る会から
[白樺の樹液を飲む会] のご案内
ゴールデンウィークの二日目 4/30(日)

申込は不要です。
温かい服装と長ぐつで、現地へ集合して下さい。

シラカバの樹液を飲む会の案内

○○円もの大金を援助していただいている。特に近年、資金だけでなく、人的な応援もいただき、会が目的とする、自然との共生という大きな目標の達成を陰から支えてくれているのである。

感謝、感謝、みんな感謝である。

シラカバ樹液を楽しむ

激動の創立期が終わり、第二世代の活動はどうしても地味なものとなった。それでも村の成長を多くの人に楽しんでもらおうといろいろ立案された。

毎年春のイベントには多くの人が集まり、春の味や空気を満喫した。探鳥会、林内の整備作業、子供キャンプ村の開催などが定番の行事となっていた。

そんななかのひとつ、シラカバの樹液を楽

しむイベントを書き記そうと思う。

村には三種類の木が主に植えられている。シラカバ、ヤチダモ、そしてカラマツである。シラカバが春先に出す樹液は春の楽しみとして、北欧やシベリア、極東では、採取、飲用するのが当たり前になっている。

カリウムを多く含み、冬の間、冬眠状態で運動不足となった体には良い薬となると言われている。北海道大学の寺沢実教授が長年研究してきたことで、少しずつ存在が知られていた。

村にはシラカバは腐るほどある……と言った人がいて、ある年の雪解けのとき、冬眠明けの熊になった気分で飲んでみようとなった。

何でもおもしろがる面々、北大から寺沢先生を呼んで試飲会を開くという大掛かりなものになった。

前日皆で講習を受けた次の日、なんと五〇人近くの人が集まった。

シラカバの幹に孔を開け、そこにビニールの管を差し込む。その先にペットボトルを置く。それだけでいいのだった。

一夜に二リットルは採取できるのである。飲むと少し甘く、なんとも言えないさわやかな気分となって、皆喜んだ。

感想を聞かれた小学生がつぶやいた。

「うむ、大人の味がする」と。

春先、一〇日間余の自然の恵みに皆大いに喜び、やみつきとなった。参加者の多くが村の木々に急に親しみを覚えたものであった。オホーツクの村の春の一行事となるのは当たり前と言えた。

巣箱は野鳥だけでなくモモンガも利用した

自然度を増す森

巣箱がけも相変わらず続き、村祭りの日の子供たちのひとつの作業として定着する。当然村のなかは巣箱がふんだんにかかり、小鳥だけでなくエゾモモンガの村となった。

そのうちに、網走にある東京農業大学の学生のフィールドとなって、何本かの論文を生んだ。

「原田湖」には計画どおり、いろんな生き物が放された。故人となった北海道大学の辻井達一教授の言にしたがって、かつてこの地にいたと言われる生き物たちである。私たちの自然の復活創成の作業である。大掛かりなビオトープの創造の現場といえた。

あるとき、「毎日、カワセミが通ってきます」と森浩から教えられた。「オオタカが子育てをしてました」と写真を見せてくれたのは鈴木泰司だった。村の真ん中を流れる止別川には、春先、毎日のようにオジロワシが舞う。そのうちに原田湖にシマフクロウが通い始めるかもしれないと、私はつぶやいた。

「そうですなあ」と森浩も事もなげに応えた。野鳥について詳しい彼も同じことを想像していた。

森は確実に自然度を増していった。

エキノコックス対策

「いい結果が出ています」

と森浩から声をかけられた。

「……」

一瞬何のことかわからずにいたら、「エキノコックスの検査結果です」と彼は続けた。

エキノコックス症。やっかいな寄生虫病である。キツネが媒介するというので、キツネは厄災の動物と言われ、忌み嫌われている。

予防のために、と長いあいだ銃などで駆除されてきた。これまでに要した金額を聞くと腰が抜けた。だが私たちのような職業……獣医師は、寄生虫病であれば虫くだしをかければいいのではないか、と常々思っていた。

同じ思いを持つ者がいても不思議はない。北海道大学獣医学部寄生虫学教室の面々だった。

神谷正男教授を中心とする人々が、いつの頃からか町へやってきて、基礎調査を始めた。財団には設立当初から獣医師が三、四名いた。すぐに勉強会を立ち上げた。

一九九九年一一月四日、町のセンターで町民を集めての勉強会が始まる。

ちょうど、学会で日本に来ていたフランシュ・コンテ大学のパトリック・ジロー教授に、

小清水自然と語る会と小清水町でおこなった講習会の案内

エキノコックス虫駆除のベイトを散布する

「農業とエキノコックス」という題で基調講演、北大の神谷教授には「キタキツネのエキノコックス診断と、ヒトへの感染予防」という題で研究報告をしてもらった。

そして結論として、キタキツネに対して本格的な駆虫作戦を採るということが決定された。駆虫薬を混ぜたベイトと呼ばれる餌を、一定の間隔で撒くという作戦であった。

最初は散布地区が限られていたが、全町に拡大しようとなった。年四回の散布。ベイトの代金、追跡調査としての糞の分析の費用は助成金として町が負担してくれることになった。直接散布するのは私たちの財団で、一部町内の有志にお願いすることにした。

その後、年三回のこともあったが、現在は年四回の散布と決め、その効果の判定のためのキツネの糞集めは財団の仕事となった。検

査は全て北大の寄生虫学教室にお願いすると
いう流れであった。

駆除よりも共生

成果はすぐに現れる。

キツネのエキノコックス虫の寄生率がどんどん下がって、開始後三年目には「限りなく〇に近い」と報告された。学者であるゆえ、〇であるとは断定しないのだと聞いた。事実上、〇である、と私たちは胸を張った。

当時道内のキツネへの寄生率は二〇〜四〇パーセント、場所によってはそれこそ学者的表現をすると、限りなく五〇パーセントに近いというところもあった。

我々は〈駆除よりも共生〉という、随分と使い古した言葉を今改めて見つめ直そうとしていた。ここ一〇年、この作業は、町役場の職員を含め、淡々と当たり前のような顔をして、参加してくれる多くの人々に支えられて続けられている。

わが町は道内で唯一と言っていいくらいの、エキノコックス病に関する限り、まったく心配のない、キツネと共生する町になりつつある。いや、なっている。

二〇一二年四月六日。

村議会によって森浩、加藤利久がそれぞれ理事長、村長を退任、宮原俊之理事長が誕生、そして村長には宍戸均が決まった。二人とも長年裏方として財団を支え続けた人たちである。

宮原俊之は長年家畜診療所の所長として、町の産業の屋台骨も支え続けた。また会の全ての行事の記録に彼の姿があった。会のそれ

キタキツネの“青年”。風のにおいを嗅いでいるのだろうか

も支えてきたのである。宍戸均は、オホーツクの村誕生の萌芽期、原田英雄と一緒に「私有地につき立ち入り禁止」運動のひとりとなった、宍戸正の息子である。長年原田の片腕として補佐し続けた人である。

二〇一四年一一月二八日。

財団は長年のエキノコックス対策の運動に対して、北海道知事から「北海道社会貢献賞」が授与された。

私たちは、自然に対する付き合い方に賞が与えられたのだと、勝手に思うことにした。

エピローグ　普通の自然を残したい

接岸したオホーツク海の流氷原

オホーツクの村はいつ行っても静かです。北のオホーツクの海鳴りも聞こえません。

今から四〇年ほど前、まだ私たちの会の所有となる前、そこは北海道大学の応用動物学教室の学生たちのフィールドでもありました。

植えて一六、七年の林は冬枯れの中に立つと、大地にはえたポヤポヤの木々で、とても林なんぞと呼べないくらいの細い木々でした。

当然、風は吹きぬけ、テントの中で聞く海鳴りは、恐ろしいほどの音量で、北の地の荒々しさを伝えていました。


今は、発足当初すでにあったもの、その後計画し想像し、夢想して植えたもの、はたまた風や鳥、獣たちによって運ばれて生を主張するものなど、驚くほど雑多で、多様で、そして勝手な林が追加して、深い森となっている。

――木たちは、もう北からの海鳴りの威《おど》しなんぞは許しませんと言っている。

原田湖の中央では、二〇一六年夏頃は計画中で、翌年春に工事の始まったパイプ管からドクドクと水が流れ出ている。開墾の斧の音が始まるはるかな昔から、地下五メートルも掘れば吹き出す地下水脈がある。だがそれでは、氷点下三〇度にもなる厳冬の湖面に野生を迎えるにはとても無理。温度を求めて掘って掘って二二度の温泉にも近い水脈にたどりついた。深さ一二〇メートルであった。そこからの大地の挨拶を私たちは毎日ながめている。

眼前にあるのは、渡り鳥のために原田湖を不凍湖にしたいという夢の具現化のために、森浩、宮原俊之の二代の理事長を中心に始ま

ハンノキの植樹。森を整理、間伐するとともに、植樹をおこなってきた

った作業の結果である。

それでも、できたばかりの二〇一七年の冬は、直径一〇メートルくらいしか湖面は開かなかったが、手直し、改良をくり返して、きっと広い湖面を登場させると張り切っている。

原田湖の湖岸に沿って大きな木が椅子として並べられている。ヤチダモの大木である。座り心地がいいので、ついついビールでも飲みたくなる。

宮原俊之、森浩、伊藤三七男の三人がやってきて、この冬の湖を語ってくれた。

マガモやオカヨシガモ等のリクガモがくるのは当たり前だが、この冬はミコアイサがきて、クロガモも来た。ウミアイサもやってきたと言った。三種はウミガモである。食べ物は小魚、エビ、貝である。

小魚は「いくらでもいる」と伊藤。そろそ

ろ絶滅危惧種の仲間入りかと噂されるヤチウグイは、この地方ではここが一番でしょうと胸を張る。それに彼は、加藤利久と時々、近くの湖からヌマエビを導入している。

故人となった辻井達一先生の指導で始まった自然の復元作業が、まだ続いているのである。貝もタニシなどが、繁茂する水草を食べて底には「びっしり」いるという。

ウミガモが来るのも納得できた。

五月、やってきた東京の人が聞いた。

「あの圧倒するような声の主は、なんですか?」と。

エゾアカガエルの声であった。

彼らの恋歌があたりを支配し、早々にやってきた夏鳥たちの声をかき消していた。

三人は話す。村の中央を通る、いわゆる村道で、タンチョウに会うことがあります。カエルを食べていました……と。

大出山から見おろす原田湖の周辺は、ゆるやかな起伏に富んだ湿原の様相をみせ始めている。ツルが舞っても不思議はない。食べ物はいくらでもある。風も四方の森が防いでいる。むろん、一年中、誰ひとり銃を持っていないし持ち込めない。タンチョウにとっては天国である。間もなく営巣地になろうとしているように思えた。

そう思うと、村の中央を流れる止別川はサケ、マスの道指定の保護河川であり、毎年たくさんの魚影が私たちを楽しませてくれている。地元に住むオジロワシの狩場のひとつでもある。かつて河畔で天空を飛ぶ彼らをながめ、オジロワシや、シマフクロウが住む森を夢みたことが昨日のように思い出される。

そんな時代が今日来ても、明日始まっても

原田湖を巡る、伊藤三七男さん、宮原俊之さん、森浩さん（左から）

不思議でない環境を、村はみせ始めているのである。

「オホーツクの村」発足時の熱気が少し収まってきた頃、会はＮＨＫの取材を受けた。一時間のテレビ番組である。

その時、私たちが発した小さな信号は「普通の自然を残したい」というものだった。当時、「知床ブーム」のただなかにあっての、持たない者の言い種だろうと笑われた。

でも作業が始まると、これでよかったとしみじみ思ってしまった。そして気づいた。

タンチョウがきて、オジロワシが飛ぶのは普通の風景だったことを。私たちの四〇年間は、それを再構築する作業にすぎないことを知った。

まだまだ続くのだろうが、いい作業だった

としみじみ思っていた。

楽しい日々であったと、出合うたびに皆言うのであった。

一〇〇年後のある日を夢想する。

山の上に集まった子供たちに向かって先生が話す。昔、むかし、自然とほんの少し酒の好きだった人たちがいて……と。

眼下に広がる原始林に原田湖が見えかくれする。足元に大出山と書いた三角の石があった。

湖岸をタンチョウがヒナと一緒に遊んでいた。キツネがそれをながめている。

先生の話がまだ続いていた。

「……その自然好きな人たちがこの大きな森をつくりました。そこが私たちの町の残すべき自然になったのです」と。

時はゆっくり流れている。

原点　獣医と農民とキタキツネと

キタキツネの里

仔別れののち、Ｆ18は口《くち》ハッパで死んだ

畝をあるくキタキツネの母子

『キタキツネ　北辺の原野を駆ける』（1974 年）より

隣人との出合い。F18（トーハチ）と名付けた雌のキタキツネと著者の子供。

財団法人「小清水自然と語る会」の発足は、一九七八年七月。
著者の二冊目の写真集『跳べ　キタキツネ』の刊行と、
映画「キタキツネ物語」がきっかけとなって集まった
一八人によって、自然創成運動「オホーツクの村」が始まった。
著者は、一九三七年、九州大分県に生まれ、一九六三年に
獣医師として小清水町立農業共済組合家畜診療所に赴任する。
「小清水自然と語る会」の発足までの一五年、
北海道の自然、獣医師の仕事、農業者とのかかわり、
そして生涯の〝隣人〟であるキタキツネと、
どのように出合い、時をすごしてきたのか。
写真集『跳べ　キタキツネ』の本文〈キタキツネの里〉、
自然雑誌「アニマ」創刊号の特集記事
〈仔別れののち、F18はロハッパで死んだ〉から、
《獣医と農民とキタキツネ》の原点を辿る――

キタキツネの里

『跳べ　キタキツネ』一九七八年

『跳べ　キタキツネ』1978年7月4日刊行

序

北のノサップの霧の中から始まった海岸線はゆるやかに南下し、東のはずれ、アイヌの人々が地の果てると呼んだ台地から放物線を描きながら西へのびていた。

その海岸線の屈曲点に一本の川がある。源流はトエトクウシペ（藻《も》琴山《ことやま》）であり、ポンヤンベツ、シノマンヤンベツ、ヘナクシュベツ、パナクシュベツの支流をしたがえたヤンベツ（冷たい川）の流れとなってオホーツクの海に消えている。

流れの中間点に小さな町並みがある。ポンヤンベツ＝小さな冷たい清水の川＝からとって名付けた町、小清水町であった。

流域は肥沃な大地であり、入植者の努力はこの地を北の国一番の畑作地帯となし、東西南北四キロメートルに一本ずつ残る幅広い原生の防風林は動物たちの故郷であり、冷たい北風と強い南風から耕地を守り続けていた。

西のはずれはチカプン（鳥がいつもいる）トー（沼）と呼ばれた濤沸湖《とうふつこ》があり、続く大地はゆるやかな丘陵が落日の彼方まで続いている。東のはずれには知床の山並みが空との境界を形づくり、ずっと南にはヤンベツの源流の藻琴山やオンテヌプリ（年老いた山）と呼ばれる斜里岳が原始の森をしたがえてそびえている。

ここはいまだヒグマやエゾシカの天国でありコタンコルカムイ（村を支配する神）シマフクロウやクマゲラの世界である。

オホーツクの海岸線はゆるやかな海成段丘をなし、そこは原生の花園であり、夏鳥たちの楽園でもある。続く草原は多くの乳牛を育む酪農地帯となっている。

一月中途過ぎるとオホーツク海は北のサハリンの沖合で生まれた流氷塊にびっしりとおおわれ、すべての漁師を冬眠せしめ、大気は連日氷点下二〇度以下の日が続き、時として三〇度を越える日もある。大地は凍土と化し農民を冬ごもりへ追いやる。

流氷塊は三月の下旬まで居すわったのち、北へ去る。

夏は短く八月も中旬ではもう秋風が吹く。一夏に三〇度を越える日は数えるほどで、間もなく霜の季節を迎える。

一一月の初旬もう雪を見、一二月は根雪となり、四月まで彼らの世界となる。

これが我町であり、この写真集（『跳べ キタキツネ』）の主人公キタキツネたちの故郷である。

昭和三八年（一九六三年）暮。

くれなずむ町に防寒具の衿をたてながら、この町にある小さな家畜診療所に獣医師として私は赴任した。

ただ残念なことに、多くの酪農民の期待に反して私は全くの新米であり、病畜《びょうちく》なるものを全く診たことがないといっていいくらいの代物であった。

新人の勤めはまずこの地の地理を覚えることから始まった。ベテランの所長さんのオートバイの尻に両手に余るような大型の往診鞄をかかえて乗る技術は大変なものであった。

赴任して数日間、馬ソリの跡のみの雪深い農道を、そのソリの轍《わだち》を走る日々は恐ろしいものであった。

当初は当時の所長が極めつきのオートバイ乗りの名手であったのに、私がこれはまた人後に落ちないくらい運動神経の鈍い男であったための悲喜劇に明け暮れた感があった。

現代の暴走族にも通ずるスピードで走り行く原野に幾度投げ出されたか知れなかった。

ある夜半、例のごとくカーブで雪の中の人となった。私の落ち方がうまかったのか、件《くだん》の所長は気づかずに走り去ったのである。

いくら大声で呼んでも知らぬげに、暗い原野の雪原を車のライトが爆音とともに消えていった時は泣き出したくなった。

地理を全く知らない新参者が心細さに立ちすくんだのは言うまでもなかったが、それより困ったのは当の所長であった。

やっとの思いで目的地に着いてみたら、新米が大事な往診カバンとともに消えていたのである。新米はいいとして、苦しんでいる患《かん》畜《ちく》のためにもカバンは必要であった。

すぐにとって返して仰天した。新米者が見当らないのであった。散々な努力のあとに二人が再会したのは数時間あとであった。私が暗闇の心細さに歩き始めたのがすれ違いの原因であった。路は途中で二叉に分れていたのである。

患畜の死ななかったことが今思い出しても不思議といえた。

かくして次の日から、往診に連れ出そうとする先生方は誰も居なかったのである。

必然的に主なる往診先はずっと辺鄙で、決って畜主が馬ソリで送り迎えする地域となった。

早朝出発した迎えの馬ソリが診療所に着くのはもう一〇時過ぎであった。

馬ソリの上はむしろが厚く敷いてあり、その上に毛布が二重、毛布の中にはコタツがあった。粋な農民が時おりドブロクを忍ばせてくれたりした。毛布の中に両足を伸ばし、のんびりとした気分での往診は楽しかった。

それでも時おり、少し足の速い馬だと雪の中にころげ落されるのであるから私の身体はスピードには適応してないのだと我ながらあきれたし、農民もまた同じ思いであったに違いなかった。

往診に双眼鏡を持ってゆくようになったのは間もなくであった。

馬ソリの上からゆっくり過ぎゆく風物や野鳥たちの姿を見るのは楽しい。

時おり上空を飛ぶオジロワシやオオワシに胸おどらせ、雪原に遊ぶユキホオジロの群に馬ソリを止めさせたりもした。

新参者が、獣医としての腕は散々だが、野鳥たちが好きだという噂が町中を走りまわるのに多くの時間は必要なかった。

間もなくして迎えの酪農民があの鳥を見た、この鳥が来た、と言うのが挨拶となった。

かくして赴任して二年もたつ頃は、腕の方はともかく、我町周辺の野生動物の物知りとしてはいっぱしの顔となっていたし、我が診療所がいつの間にか野生動物情報集中センター的な機能をも具備するようになっていたのである。

キタキツネたちとの付きあいが始まるのに、長い時は要しなかった。

すべては酒のせい

すべては酒のせいと言えた。

昭和四〇年（一九六五年）暮。

例によって我家で数人の知人が集まり酒となった。飲むほどに酔うほどに、いつものことながらこの地方の野生動物の動向の話となった。

当時、獣医師としては未だ青二才であったのにこと野生動物については伯楽ぶりを発揮し続けていたのだから、当然の事といえた。

終夜この地方の自然の豊かさ、動物たちのすばらしさを語り合って満足して散会となった。

年が明けて昭和四一年一月。

ある夕方、東京より電話があった。

知人のFさんからだった。

「あの話、やりましょう」と言うのであった。

「ああ、あの話」と答えてみたのだが後はむにゃむにゃとなる。

あの話もこの話もちっとも記憶にないのだった。むにゃむにゃが続くので、しびれをきらしたらしく、

「キツネですよ。そらキタキツネの話！」と電話のむこうでどなっている。「キツネの話？」また何のことだと思わずつぶやくこととなったのである。

ちっとも話の噛み合わない世にも不思議な電話の話はこうであった。

暮に会った時に「日本の自然」という新番組の話が出て、もし北海道でつくるのならキツネで一本やろうではないかということになったというのだった。

Fさんは NHKのプロデューサーであったのである。

この電話には腰を抜かさんばかりに驚かされた。

私が何と言ったかいざ知らず、当時私自身は鳥の方に興味があり、ずっとオジロワシを追いかけていたのであり、キツネなんぞという動物については、我町でよく見るなあといったくらいのていたらくであったのである。

酒を呑むと大風呂敷を拡げるといったくせが相変わらずであったことに気付いたのだが、後の祭りだ。

「そりゃ酒のせいですよ。ええ、酒が良くない。悪いのは酒です」とあわてて怒鳴ってはみたのだが、もう電話の切れた後だった。

数日後再び電話となった。

「何とかなりませんか。充分調査されてないし、その可能性について自信がないし……」

答えは簡単だった。

「予算はついたし、A君という担当プロデューサーは張切ってますよ。まあいいものを作り上げましょう。ついては近日中にA君が参上するそうです。よろしく」であった。

「A君も酒は好きですよ」と、かのFさんは

上：雪道を渡る／雌のあとに続く雄　下：独りにもどった雌

付け加えたのだからにくいものである。

「貴企業の強大さに比べれば当方は微々たる企業です。何とか御理解を」と解ったような解らないようなことを電話口でモグモグとつぶやいたのだが、無視されたようにプチンと切られてしまった。

残された道は一つであった。

A氏が来た時にこの企画の無謀さと困難さと、それにも増して多くの農民が化かされて散々な目に会った事を並べるべく、十二分の準備をすることとした。

二月になったある夕方、西の丘陵地の端に赤い夕日が寒々と落ちようとしていた時刻にA氏が我家を訪れた。

この地でも珍しい寒さであった。

痩軀のA氏を見ていると、とても酒なしでは話の出来る状態ではなかった。

まずは一ぱいで始まり、寒い寒いでたて続けの三ばいで、といった中で焼肉のにおいが部屋を支配し始めた。

会話ははずみ声高となって深夜となった。結果は散々となった。

頑張りましょうと握手をしての別れとなったのである。酒を用意したカミさんをうらんでも手遅れであった。用意した数々の言葉は霧散して大風呂敷のみが残ったのであった。

キツネつきになった獣医

こうして私とキタキツネとの付きあいが始まることとなった。

当時としては破格の予算と日数を用意したA氏の計画書に脅迫された私は、それまで続いたオジロワシの調査を一時的に中止し、その下準備に持てるほとんどの時間と、有するすべての機能を集中することとなったのである。

元来、私の肝っ玉のすこぶる小さいことを、ごく些細な事件の結果として多くの農民は知っていた。

その臆病者がキツネの調査を始めたのだからお笑いものであった。

農民の多くはその内に美人だといって木の枝と手を組んですましたり、終夜大木の周りを走ったり、果ては木の切株の上で終日乗馬の姿勢で涙ぐましい努力をするに違いないと期待したり、危惧したりするようだった。

事実、真顔で心配したり、神様と称するものに診てもらうことを真剣に勧めた御仁もあった。

そういった諸々をバッタバッタと薙《なぎ》倒して調査に邁進したと書きたいのだが、実は全く逆で調査が日没近くなるともうだめで早々と引き上げにし、林の中での観察が一段とみじめであった。

ひたひたと音もなく近づく親ギツネに恐怖し、すぐ近くで突然に鳴くアリスイの声に腰を抜かした。

一度は林の中で山菜採りの老婆とバッタリ会ってお互いにその姿に仰天して逃げたりで、NHKという大企業と酒に涙したのであった。

それでも調査が進み、多くの伝説の鎧《よろい》の中で生き続けた北の生き物が少しずつではあるが我々の前に姿を見せ始めた時はすべてを忘れさせた。それは必然的に調査に熱中させるエネルギーを生んだしNHKに多量のフィルムを使わしめたのであった。もう林の中も日暮れる頃もあまり苦とはならなくなりつつあった。

その頃である。

我町で若い獣医がキツネつきになったという話がまことしやかに噂された。

暮なずむ林の中のキツネの巣穴の前で私が拇指《おやゆび》ほどの小さなものを集めてはニタニタしているというのであった。

それをたまたま垣間見た老人が、集落のオバサン方に注進したものらしい。

キツネたちの糞を集めていたに過ぎなかった。

それで彼女たちの食性が解明されたのだ。噂が私のもとにとどいたのはずっと後のことであり、その頃にはキタキツネに関する多くの情報で我家は満ちあふれ、その噂も一つの資料となったに過ぎない。

かくして撮影は終った。

多くの努力のたまものとしては心残りのも

のもあったが、充分に評価をうけたとA氏はなぐさめてくれた。

それでもこれでキタキツネたちともおさらばして、また元の白い尾羽根を追える身分となったのである。

鶏卵頂戴事件

あれから一〇年余となった。

オジロワシの背にのって知床の山並みを越えて遠く千島・アリューシャンへと飛んでるはずであった。

ひょっとするともっとむこうのアラスカで、親類筋にあたるハクトウワシを追っていたかもしれなかった。

だが残念なことに、未だオホーツクを眺める草原の片隅に中年太りの身をよこたえて、残り少なくなったキツネたちの未来に涙している日々である。

あの時から本物のキツネつきになったように、オジロワシのあの白い輝きを忘れてしまったのであった。

厳冬、オホーツクの海は厚い流氷塊におおわれ、沈黙する。大地も一メートル余は凍土と化す。晴れた日々は東に知床の連山が連なり、西に競って連なる丘陵地が空の彼方まで続く、いずれも白く凍てついてのことには変わりはない。

生き物の多くは人間も含めてただひたすらにじっと春を待つ。

動くものは時おり北西の風に舞う粉雪のみである。

その中でキタキツネの恋が成就するのだ。

そして春。

我国で一番遅い桜の花が咲き、馬糞風と呼

ばれる特有の南風が吹く。草原の処々で子ギツネたちのお世辞にも澄んだ目とは言いがたいひとみが暗い巣穴から初めての外界を見る頃でもある。

そして草原にエゾスカシユリ、センダイハギ、ヒオウギアヤメ等とともにノゴマ、シマアオジ、オオジュリンたちが短い夏を競う頃は、子ギツネたちは両親に連れられて実習旅行と名付けた小旅行に出かける。

八月。

北国ではもう秋が広い草原を支配する。ハマナスの赤い実やハマナデシコの桃色が風に揺れる頃、親から強いられるような旅立ちの儀式＝子別れ。

そして一一月になるともう全くの枯野であり、中旬には雪となる。独立した子ギツネの多くが死と対面する季節である。

正月がくるとオホーツクの彼方にはもう流氷の群が見える。

厳冬の恋から始まる彼女たちの一年の変化は、あれからずっとそっくりそのまま私自身の行動を支配し続けている。

農民もまた同じと言えた。

小さな診療所の所員もまた同じであり、そして市街地に住む一部の人びとにもそれなりの四季を与えたようだった。

一〇年余、我が診療所の電話はキタキツネに関するさまざまな話題を運び続けた。

ある時は窃盗犯キタキツネの逮捕依頼を、ある時は交通事故死に関する報告を、またある時は迷子となった子ギツネの保護願い、果ては我町を毛皮産業の町にするためのうんざりするほど都合のよい相談まで、よくもまあと溜息の出そうな回数で、電話料を別途に請求されないのが不思議なくらい送り続けたのである。

農民とキタキツネのかかわりあいの多くは、被害者と盗人の関係のそれであった。

我町はかつてといってもごく最近まで、ほとんどの農民が自家用の鶏を納屋の片隅で十数羽飼っていた。

春まだ浅い雪の頃、近くの駅まで送られた初ビナを受けとってほとんどが居間の中で住人とともに生活し大きくなる。桜の花見頃ともなれば家の周辺に放され、納屋の片隅に小さな住家を得る。一番牧草の刈り取りが始まる頃、まもなく産むであろう卵に農民はうきうきする。

キツネたちのその実に巧妙な盗人ぶりが発揮されるのはこの頃である。

一夜にして、数羽は被害としては微少の方で、二四羽の大群が消え去ったのを知っている。しかも防止用にと仕かけた罠に放尿して、そのすぐ際を掘り進んでまんまと目的を達したのだから、農民のあきれるのも無理のない事であった。

ここ数年、農民の間から自家用養鶏業なるものが急速に消えつつある。

ひとつは農民の食生活の都市化にその大きな原因があるのだろうが、キツネ様たちの活躍がそれに大きく影響している事はどう贔屓《ひいき》目《め》に見ても否定できない。

我町では少ない専業養鶏家であるTさんからある夕、至急来てほしいとの連絡を受けたのもこの頃であった。

キツネが毎夜卵を盗んで困るというのである。

卵とは意外と言えた。普通は鶏のはずである。

上：穴の奥で鳴く子／初めて外界に出た　下：子を連れ戻す母

った。出かけてみるに毎夕、採卵時になるとどこからかやって来て籠に集められた卵を数個、ひどい時には一〇個以上ピンハネするというのだった。

Tさんとキツネたちの関係は多くの農民のそれとはかなり違ったものであった。

大きな養鶏場ゆえ、毎日のように死んだ鶏が出てその処分に困っていたTさんにとっては、一夜にして棄てた場所からどこかに運んでくれるキツネたちの行動はむしろ有難いもので、キツネたちもまた苦労なく得られる食料に満足で、今まではごく平和な付きあいだった。

ところがこの突然の食性の変化にTさんが戸惑ったのは当然と言えた。

夕方まで鶏舎内で待つこととなった。過去におけるキタキツネの食性の変化については、そのほとんどが人間側に問題があった。

近年盛んに子豚を襲う個体が増えつつあったが、その原因を調査してみた。

かつてはほとんどの農家が自家用として一、二頭の豚を飼育し、初冬の頃殺処分して冬期間の蛋白源としていた。

ところが近年養豚が産業として魅力あるものになり、多くの農家が本格的に取り組み始めたのである。専業にしても副業としてもその飼育頭数は五〇～五〇〇頭であった。当然のことながら繁殖から肉豚飼養まで一貫生産である。

結果として年々数多くの死んだ子豚や胎盤をすぐ裏の林縁に捨てることとなった。

それを多くのキツネたちが食べ、味見をしたのである。

子豚の窃盗犯として指名され始めたのが、この産業養豚業の発展と一致していることに我々は驚き反省したのであった。

キツネ参上までの時間、Tさんからの聞き取り調査となった。

原因はすぐに予想された。

最近養鶏場で毎日のように出る破卵や軟卵の処理に困った時があったという。いつもだと豚の飼料にと近所の人が買いに来てたのだが、養豚を中止したので来なくなったのだそうだ。

新しい買手が現われるまでの一〇日余、Tさんは死んだ鶏同様の処理をしたのだそうだ。

そういえば新しい買手が現われて一週間余後より、この新手の窃盗が始まったと言う。

そうこうしている内に件《くだん》のキツネ嬢がやって来た。今まで一度も追ったことがないので当然の顔付きで鶏舎の入口に立ち、Tさん一家の採卵を待っているのである。Tさんがいつものようにコンテナいっぱいの卵を持って入口付近に置くと、これまた当然のように両足をかけ一個を上手にくわえて、また当然の後姿で消えていったのである。

ごく短時間のうちに再び現われ、また一つ失敬としゃれこんだのだ。

威《おど》かしてやれと両手を上げてわっと走ったら「どうたの、このオッサン！」てな顔付きでちょっと見つめ、別に急ぎ足でもなくスタコラと消えた。

仰天したのは鶏たちで正に五〇〇羽余りの鶏舎全体がワーンとなった。しぶい顔のTさんが、この騒ぎで明日の産卵率が極端に悪くなる、とのたもうたのである。

何の事はなかった。Tさんが相談したかったのは、鶏を驚かさずにキツネが何とかなりませんかというのだった。

「先生のバカでかい声なら三日は影響しますよ」などとうらみがましく言うのだ。

入口の戸を閉めることを提案してみた。

建物の構造上換気に問題があるし作業がやりづらいと言う。

キツネ一匹のために換気について一五万円もかけられないというのが正直な気持のようだった。当然の事ながら卵の番人を置くほどに暇人もいないというのだ。

結論は一つだった。Tさんも十二分にそれを承知での相談なのだ。

このキツネに引越しを求めることであった。それしか方法はないなと心に決めたのを見透かすように「善は急げだ」などと、もう出かける準備であった。

いつもの事ながら気の重い作業であった。

早速二人で出かけることとなった。もう日暮近かった。

巣穴はずっと以前から解っていた。

もうこの巣穴は六年も使用し続けた大邸宅であった。入口も七つあり、巣の前のテラスは実に広々としていたし、付近の林の中もほとんど下草が育たないほどだ。

最後になるのかと妙にしんみりとした気分で少し離れた場所から写真を撮っていた。

すたすたと巣穴に行こうとしたTさんが突然世にも不思議な声をあげた。

そして両手を上げてよたよたと数歩あるくのが見えたかと思ったら近くの木にとびついたのだ。

顔色が悪い。

「どうしたんですか」と言うと「地震だ」と言う。私には全然感じないし第一周囲の立木が揺れていなかった。「地震じゃないですよ」と言うとますます顔色が青くなってきた。

突然私の方へ走り来ようとした。

走り方は実にぶざまで酔っぱらいだ。

ようやくやって来て「そこなし沼だ」とのたまう。

地理学的にみて沼などありようはずがなく、キツネたちがそんな悪い条件の所に巣穴を造るはずがなかった。

Tさんはこんな所には一分たりとも居たくない様子で、私に充分な説明もなしに帰ると言い出したのだった。

ともかく私が調べるというのに、キツネに化かされているのだから暗くなる前に明りのある所へ帰った方が良い、と主張するのだ。

あまりTさんの顔色が良くないし真剣であるので、ひとまず帰ることとした。

家の明りが見えだした所でTさんがポッリと言う。

「先生、もうキツネのことはいいよ。明日から欲しいだけ食べさせたい」

それから十二分の時間をかけて聞き出した話の要点はこうであった。

巣穴の前の広い場所へ出たら突然ゆらゆらと体が揺れ始め、同時にミューミューというような泣き声が聞え、足が地につかない気持になったのだという。

足が沼の深くにひっぱり込まれそうで、急いで抜くと反対の足がまた何かの力に引きずり込まれるようだったという。

今日は早々に寝たいというTさんと別れた時は、あたりはもうすっかり暗くなっていた。

別れ際に「明朝調べてみますよ」と言うと、Tさんは真顔で手を振って「何もしないで欲しい」と言った。

次の朝となった。

Tさんとの約束もあったが、何としてもTさんの態度から見て何かがありそうであった。

私自身もあまり気持のいいものではなかったが、とにもかくにも出かけることとした。

夕闇とは違って鳥たちが騒々しく、化物が出るには余りにも舞台が悪く見えたのが心強かった。子ギツネが二匹巣穴前で遊んでいたが、近づく足音に軽い警戒音を発して巣穴の中に逃げこんだ。

林が終り巣穴前のテラスの広場に足を踏み入れた途端、ファッという感触にギョッとなった。

「沼」と思わず思った。が、違っていた。すぐに底が感じられたのだった。数秒歩いてみた。確かにふわふわという感じである。山で使うエア・マットに似ていた。

そう思った時、思わずワッと叫んだのである。

小枝で少し地面を掘ってみると予想された物がそこにあって、全身の力が抜けるような気持であった。

厚さ一〇センチ余の羽毛の上に立っていたのだった。調べてみると約四坪ほどのテラスはすべてが羽根布団であったのだ。ミューミューという泣き声は人の重さで空気がぬける音だった。

この家の住人が過去六年間、近くのTさん宅で捨てられた鶏をせっせと運び、必要な部分は消費して残された羽毛がかくのごとくなっていたのである。

正にちりも積もれば何とやらで、このキツネだけが持てる優雅な文化とも言えた。

早速Tさんへの報告となった。

信じられないような顔で聞いた後、

「やっぱり先生、キツネたちに毎日卵をやることに決めたよ」と言ったのであった。

ひょっとしたらTさんは私の報告を信じてなかったのかもしれない。

Tさんの好意が全く空しいものになるのはずっと後のことであった。

飛ぶキツネ

「先生、はねちゃった」と報告があったのは真夜中であった。

場所を聞くともう隣町に近い。それでも出かけることとした。

毎年の事ながら子ギツネたちの交通事故が多かった。それもいつも決って実習旅行の始まる七月の中途過ぎであった。

上：晩夏の母ギツネ／母にあまえる子　下：子ギツネの疾走

多い年は一四頭も車という文明のエネルギーに押しつぶされている。時間は決って真夜中であった。

親ギツネが最も人の往来の少ない時間を選んだのかもしれないが、車は一番スピードの出ている時間である。

報告があった場合、必ず確認に出かけることにしているのだが、死を見るのはいつも辛《つら》い。観察中の巣穴の子ギツネだとなおさらであった。

その夜も出かける事とした。雨が降っていた。報告主のK君の話だと二頭連れの中の一頭だと言う。

現場であることはすぐに解った。

約五〇メートル手前から残された個体のものであろう。ライトに青白く流れる目が見えた。

減速しながら近づくに、一頭のキツネが横たわる子ギツネを食べていた。「共食いだ」と思わずブレーキを踏んだ。

ところが死んだとばかり思っていた子ギツネがポイと一メートル余飛んだのであった。

親ギツネと思われるもう一頭は再びかけ寄った。目を凝らすと子ギツネは飛んだ地点で横たわっていたし、走りよった親ギツネもまた子ギツネを食べているようだったのだ。

その時、また子ギツネが飛んだのだ。

飛んだと思ったのが錯覚であった。

共食いと見たのも見間違いであった。

親ギツネがすでに死んでしまった子ギツネを必死になって起こそうとしているのだった。

車をゆっくりと近づけると、その動作は涙ぐましいものであった。

子ギツネの首筋を噛んで引き起こそうと何度も試みるも、死んでしまった子ギツネの反応があるはずもない。悲しみの姿でそれでも必死となって起こそうと努力する。「しっかりしなさい」とばかりに。

それが飛んだように見えるのである。

徐々ではあったが道をはずれ、近くの草原の中に消えたのを見とどけて、その子ギツネの雌雄も確認せずにUターンしたのであった。

次の夜、報告者のK君がどうでしたと遊びに来た。なるべく感情をまじえずに正確に報告することにした。

おせじにも動物好きと言えない彼だが、帰り際にぽつんと言った。

「先生、キツネっていい動物ですね」

ヒグマのクマちゃん

営林署のSさんがクマの子を持ってきた。

ヒグマの子だという。

私はいまだ生まれて間もない子グマを見たことがなかった。Sさんが言うには風倒木の幹の部分の空洞の中にいたという。見るに四〇〇グラムくらいのまっ黒な子供である。

「なる程、熊は小さく生んで大きく育てるって言うからなあ」と感心した。

まるで子犬みたいだとも思った。

さわろうとそっと手をのばすと「ガッガッ」といってかかってくる。

その荒々しさにSさんは満足気であった。

「ヒグマっ子はなかなか気が強い、だが育てていれば十分なれるべ、まあがんばってみっか」と言って帰っていった。

大きくなって一〇〇キロにもなったら背中に乗って山々を歩いてみたいと喜んだのはいうまでもなかった。

カミさんだけがその必要な食料のぼう大さを予想して猛反対となった。それでもその可愛いさについ夕食用にと買ってきたこま切れの肉をそっくり食べさせてしまったのだから、もはやこちらの勝ちとなった。

ミルクに肉を小さくきざんでの給食は楽しいものであった。相変わらず食べる時にガッガッとうなり声をあげたが……。

Sさんの言葉のとおり頼もしい声だった。

ヒグマのクマちゃんが我家に来て四日目となった。

みるみる大きくなると思ったのだが体重に変化はなかった。

そのかわりか、顔面が少し茶黄色をおびてきた。

八日目となった。

茶黄色の顔がますますあかくなり、よく見

ると尾毛に白いさし毛があった。そう言えば体重が思ったより増えなかった。この調子でゆくと夏になっても一キログらいしかない個体となるおそれがあった。

Sさんに相談してみた。

ニヤリと笑ってそのクマっ子、キツネに化けたんでねえの、とのたまう。

ああと思った。

クマの子は子ギツネだったのである。

我家が初めて子ギツネを迎えたのはこの時だった。

もう九年も前の話である。

今でも思い出してはあれがクマの子だったらなあと私は残念がり、カミさんはほっと胸をなでおろしている。

その後我家をおとずれる動物たちは数かぎりない。もっと幼い頃の子ギツネが来たことがある。

だが残念なことに、もはや化かされなくなってしまった。

淋しい気がする。

キツネの皮算用

ある冬の日、商店主のHさんが遊びに来た。

「相談がある」と言う。

彼の話はこうであった。

我町はキツネが多い。いまでは道内でキタキツネの里と呼ばれている。大いに喜ぶべきことである。ついてはこれを放っておく手はない。近年キツネの原皮が高い。一枚が数年前の二〇倍はする。また内臓はとなり町に持っていけば七〇〇〇円となる。実にすごい。

これを放っておく手はないではないか。ひとつ、もっと増殖させて我町を一大毛皮の生

上：子ギツネの狩り　下：子別れの始まり

産地にしよう。もし成功したら次はエゾタヌキ、エゾテンにも手をのばそう。

その時は先生を技術顧問として優遇しましょう、というのである。酒なんて毎晩じゃんじゃんやりましょうという言葉をつけ加えたのは論をまたない。

彼の構想はすばらしいものといえた。

第一におりとかなんとかいったちっちゃなものを使うのではなかった。

我町全体を飼育場と化し各地に給餌場《きゅうじば》をもうけ、かつて帝国海軍が造った防空壕が散在するので、そこをキツネたちの巣穴として使用してもらおうというのである。

秋になったらその年の産児数からみて適度な数を捕獲して毛皮としようというのだから、半永久的な産業にもなり得た。

夏の子ギツネの遊ぶ頃には各地から観光客

を呼んで「キタキツネと遊ぼう」というツアーが我町の名物にもなり得た。

すべてが悪くなかった。

私もいまの職場を引退してそのツアーのガイドをやったり、給餌時間には鈴かなにかをならしてキツネたちを呼び集め、その中で終日くらすのも悪くないと思う。

だがと考えた。

この計画は成功するはずがなかったのであった。

八月に子別れした子ギツネたちは独立を求めて移動し、毛皮として価値の出てくる初冬にはかなりの距離を動くからだ。

まして我町で保護、給餌によりかなりの数が成長したとすると、マスからあふれる酒のように周辺の町村に散ってゆくことになる。周辺の町村で捕獲をすればするほどに我町からの流出は多くなるというのは当然であった。

この話になってHさんも急に弱気となった。

「なんとかなりませんかねえ」をくりかえして帰っていった。

「先生みたいにキツネに酒の味でもおぼえさせるとうまくいくんですがねえ」と帰りぎわに未練がましくつぶやいてその夜はおひらきとなったのである。

遺作集にならぬことを祈って

キツネとのつきあいは人さまざまであった。でもキツネたちは常にかかわる人々にそれぞれの夢を与えてきたように思う。

私自身、生きているうちに遺作集なるものを出版させてくれたし(『キタキツネ　北辺の原野を駆ける』一九七四年、平凡社刊)、また今回も決定版遺作集なるものを企画せしめた。

また映画という全く未知の世界へひきずりこんだのもキツネたちであり、四年間多くのスタッフをなやまし続けたのも彼女たちだった（「キタキツネ物語」一九七八年、サンリオ）。私は今その記録のために映画までつくらせた彼女たちの魔力にかっさいを送りたい気持である。

この写真集（『跳べ　キタキツネ』）が世に出る頃、全国の多くのスクリーンの中から彼女たちは多くの人々を見続けることになろう。

だが彼女たちのふる里わが道東にもはや彼女たちの楽園のないことを、はたして人々は正しく理解してくれるのだろうか。

昭和四〇年（一九六五年）暮、根室で発生したエキノコックス症の恐怖はさまざまな人の願いと欲と悲しみをともなって北の地を支配した。

礼文島で昭和一二年（一九三七年）我国で初めて確認された本病が数々のドラマを生むなかでようやく終息かにみえたやさきの発病は、多くの人々に強い衝撃をあたえたのだった。島という比較的に対策の立てやすかった礼文島とは違い、無限の広がりを持つ場所での発生はキタキツネたちにとっても暗い未来を暗示させたのである。

媒介者の一人にすぎないキタキツネたちが当面の敵となったのは論を待たなかった。

多くのマスコミがさわぎ、書きたて、あたかもキツネの姿を見ただけで感染するかのごとき観を呈したのである。

当然のことながらエキノコックス汚染確認地帯はもちろんのこと、その周辺部は多額の奨励金でその掃討作戦が続けられ、現在に至っている。

凍結を始めた湖面、北から渡ってきたハクチョウをながめる子ギツネ

キタキツネたちにとって不幸であったのは、昭和四八年（一九七三年）から始まった毛皮のブームとスノーモービルの急速な普及であった。原皮の値段が四七年までの一枚わずか一〇〇〇円余であったのが二〇倍以上の価格となったことは狩猟者の捕獲意欲をたかめ、その上スノーモービルの使用は雪中での猟を比較にならないほどに楽にせしめた。

かくしてキタキツネにとっての狩猟圧は想像をはるかにこえたものとなったのである。

そしてそれはもはやエキノコックス対策としての色彩をけし去って、道内のいたる所での殺りくとなった。

昭和四八年春、我がフィールド内で二四のファミリーが九六匹の子ギツネを育んだ同じ世界で、今年（一九七八年）の春はわずか二ファミリー一一匹の子ギツネの姿しか見るこ

とができないほどとなった。

いまだエキノコックスの汚染地帯になったこともない我が町ですらこの現状であった。

かつてアイヌの人々をしてチロンヌップ＝どこにでもいるもの＝と言わしめたこの生き物が、人間の欲望のおもむくままにその種そのものが滅亡させられようとしているなかで、我が国における鳥獣保護行政の無力さを痛痕の思いで見続けたキタキツネたち。

彼女たちが今スクリーン中から訴えようとした数々の願いを思えば胸ふさがる思いである。

この写真集が私自身ではなく彼女たちの本当の意味での決定版遺作集にならないことを祈るばかりである。

　『跳べ キタキツネ』1978 年

仔別れののち、F18は口《くち》ハッパで死んだ

「アニマ」一九七三年四月創刊号

特集

[キタキツネ]

その野生の記録

「アニマ」創刊号の特集扉の頁

[キタキツネ] その野生の記録

道東の斜里郡小清水町は、オホーツクの海岸から内陸の原野にかけて、広大な自然が拡がり、わずかな人家が点在する地である。七年余にわたってキタキツネの生態を観察・記録してきた竹田津実氏は、この地で獣医として農民とともに生きている。日本人に古くから親しまれてきたキツネの生活史には、未知の部分が多い。長期間、一地域のキツネを追跡調査したこの記録は、日本のキツネ研究に、貴重な足跡を残したといえよう。キタキツネとの出会いに始まる本号以下、引きつづいて発表される記録によって、北辺の魅惑的な動物キタキツネの、多様な生活の実体が明らかにされる

北の果てを冬の静寂が支配する。オホーツクの海は流氷で埋まる。夏の日々、その豊かな幸で多くの生き物を育んだ青い北の海は、今はひっそりとその白い流氷原の下で春を待つ。近くの原生花園の草花もすべてが凍土の中でただひたすらに春を待つのである。すべてがひっそりとして、時おり思い出したように吹く北西の風が雪原の上を走る。動くものはその風に飛ぶ北の地独特のブリザードのみである。——すべてが死の世界にも似た北の果ての二月、しかしその凍原の片隅で恋の季節を迎えたキタキツネの世界がある。

過去七年間、六四の巣穴と延べにして九一のファミリーを観察してきた。そして今年もまた、雪原に残されたやるせなくも厳しい彼女らの恋の行動を追って約一ヵ月、その多様な生活と神秘的な行動で私を魅了しかつおおいに悩ませる、キタキツネたちとの生活が始まったのである。

雪原に残すその尿の色から、最後のファミリーの恋の終ったことを知った。これから四月の初めまで、彼女らには絶対の安息が必要である。出産の日々まで可能な限りの絶縁が必要なのである。窓の外の風景とはおよそ似ても似つかない小春日和のような気持の中で、思い起こすだけで常に興奮のるつぼに陥れるこの魅惑的な北の生き物について、拙文なれど万感の思いをこめて報告したい。

キツネに憑かれた獣医

私がこの北の端の小さな家畜診療所に赴任して一〇年になる。別に特別な意味でこの地を選んだわけではない。が、強《し》いていえば、学生時代遊んだ知床《しれとこ》の人々の人情が忘れられず、またアイヌ語で地の果てる所と呼んだこの地の地名に、妙にひかれたといえばいえるほどの軽い気持が、この地を選ばせたのだろう。生まれつき夢を見ることが好きだったことにも原因があるのかもしれない。獣医になったのも、すぐに動物園の園長を夢み、入学して初めて、ウシやらウマなどの生き物を診《み》るのがおもな活動分野であることに気づいたほどである。園長になることが望むべくもないと悟った時、九州生まれの私はすぐに北の地を夢みたのである。

赴任してすぐに始めたことは、この北の地の野生の動物を見ることであった。ハクチョウが来たといっては飛んでゆき、オジロワシを見たと聞いては走る私を見て、当時の所長らはサジを投げ、優秀なる獣医師に育てるのを諦めたようであった。誤診の連続ではあったが、素朴な酪農民に助けられ何とか一人前の獣医師になるころには、職業とは裏腹に、この地方の野生動物に関するすべての情報網をつくりあげてしまったのである。

クマゲラを見たいと頼まれた馬方は、ある朝三羽の天然記念物であるその黒い北の鳥をドサリと玄関に投げ入れ、私をオタオタさせたのもそのころであった。ヒグマに会いたいと言っては猟師たちを困らせ、そのくせ会ったとたん腰を抜かし、ズボンをぼろぼろにして逃げ帰り、買ったばかりのばか高い三脚を失ってわが家での地位をすこぶる危うくしたのもこのころであった。

昭和四一年（一九六六年）の夏、キツネを見たいと言い出した時も、多くの人々は化かされて美人の手だといっては木の枝にじゃれている私を連想し、そうなることをおおいに

厳冬の２月から春のキタキツネ。雪原の歩行、疾走、狩り

期待したようであった。私の情報網はフル活動し、またたく間に四四の巣とそこに住む二四のファミリーの大体の行動圏を図上に書き出すことに成功したのである。

わが小さな町並はあたかもキタキツネたちに囲まれた格好に位置し、多くの農家は、彼らのナワバリの中で小さな面積を借りて生活するような状態である。私はおおいに満足した。この時から人々は私のことを、キツネに憑《つ》かれた獣医として多少気味悪く思っているようであった。人々がそう思えば思うほど、私はキツネについての研究者になったような気持でしゃべり語ったのである。あたかもキタキツネたちの多くの生活を知り得たかのように……。

四二年になった。人々は私に前年のごとく多くの情報をもたらした。刺激されたように、私自身も各所にキタキツネたちをたずね、隣り町まで足をのばしたりしたのである。しかしキタキツネたちは、前年の姿以上には決して私にその生態を見せなかった。主として仔ギツネたちの遊びであり、時おり親の巣に帰る姿である。持ち帰る餌が何であるかを識別できるほどには巣に近づけない。あの独特の甲高いギャウンという警戒音は、私をおおいに困らせたのである。

結局四二年はたいした収穫もなく終った。長い冬のストーブを囲んでの話題は、キタキツネに関する限り一歩も出なかったのである。私はおおいにあわてた。わが町でのキツネの研究者としての名声も、すこぶる危うくなってくるようである。何としてもあのギャウンの声を退治しなくてはならない。罠《わな》でとらえて声帯の破壊を真剣に考えたのもこのころである。しかしあの発声の意味を考える時、このバカバカしい考えに終止符をうたなくてはならなかった。

わが師、わが恋人F18

昭和四三年(一九六八年)の正月を迎えた。酒の席上で、Y集落に比較的人に慣れた親ギツネがいるという話を耳にしたのである。私の知らない養豚家の付近であるという。なかばかつがれたとは思いつつも、それを覚悟で訪ねてみると、朝夕、Sというその家の主人のすぐ近くまで寄るという。どうも仔豚の死骸や捨てる残飯に餌づいているらしい。ぜひ会いたいというと夕方まで待ってみろと言う。運が良ければ会えようと言うのである。正月である。その年の運を占うのも悪くない。会えなければ今年のキツネはやめだと、酒のせいばかりでなく、多少やけ気味な気持になっていた時でもあった。

　北国の冬の夕べは早い。まさにあっという間に日が沈む。寒くなる。凍《しば》れるという言葉がこれほどぴったりする時はない。豚への給餌が終るころ先生先生とSさんが呼ぶ。いつも来るという場所とは反対側である。それでも胸はずませ声のした方へ走ると、Sさんは雪原を指さしている。

　西の空は朱から紫色に変わろうとしていた。雪原も空に同調していた。その雪原に主役はたたずんでいたのである。距離は約一五メートルである。表情はわからない。ただ小ぶりなことと、首から胸への大きさで、雌であると推定した。私の方をじっと見ている。何か餌になるものがないかと考え、思わずSさんの顔を見、そして再び雪原に目を移した時には、もう何も動く物はいなかった。音もなくまさに忽然《こつぜん》と消えたのである。あとにはシンとした北国の夜の世界が迫っていた。私が恋人と呼び師とあおいだ、F18[*1]と名づけられたこのキタキツネとの出会いは一瞬の間であった。四三年の年はまさにすばらしい年として明けようとしていた。

NOTE①
　F18、♀、キタキツネとしては小型。耳は小型、目いくぶん丸く、顔面細く、いわゆる典型的なキツネ顔なり。毛色赤。尾根部の黒褐色著明でなく、尾端の白毛やや少なし。ホームレンジ（行動圏）は東西に二・五キロメートル南北に〇・八キロメートルなり。西端はY川で東端はT湖、北端はオホーツク海に南端は国道でそれぞれ遮断されている。ホームレンジ内に戸数約八〇のY集落有り。比較的よく利用する巣穴は、養豚家S家北方約一〇〇メートル、オホーツク海岸より二五メートルの海岸段丘にあり、巣穴は北にむかって開き、入口約一二メートル離れて二ヵ所あり。他にごくまれに使用したりときどき立ち寄る巣三ヵ所あり。一日の行動の中に必ず養豚家Sおよび酪農家S、A、N、および一般農家S、Dの牛舎、豚舎およびゴミ捨て場に寄る。性質すこぶるおとなしく人をほとんど警戒せず。朝夕によく見られ特に養豚家Sおよび酪農家Nには毎日といってよいほど現われる。また一日一回必ず約二・五キロメートルの海岸線を歩き、西端のY川の橋の欄干で必ず放尿をする。巣穴は毎日は使用せず、吹雪および寒い夜間使用す。天気のよい日中は、南面の小高い斜面で〝の〟字型の睡眠をとるのをよく観察す。餌は主としてノネズミや小鳥の死骸、ビート片、酪農家、養豚家よりなげられる牛および豚の胎盤や仔牛、仔豚の死体、一般農家の食物残渣《ざんさ》などである。時おりホームレンジ内に他の個体（たぶん雄と思われる）の侵入をみるが普通は単独生活のようなり。

以上が二月の中旬まで通い、足跡の追跡結果から判明したこの個体F18の行動の概要である。私は前記の酪農家、養豚家などに頼んで極力刺激をさけ、人に対する警戒心をより以上に持たないように努力したのである。

三月にはいり巣穴の拡張したあとを二度ばかり見て分娩の近く迫ったのを知った。不思議に雄との出会いはなかったが、三月にはいると確かに足跡からペアになったことを知っ

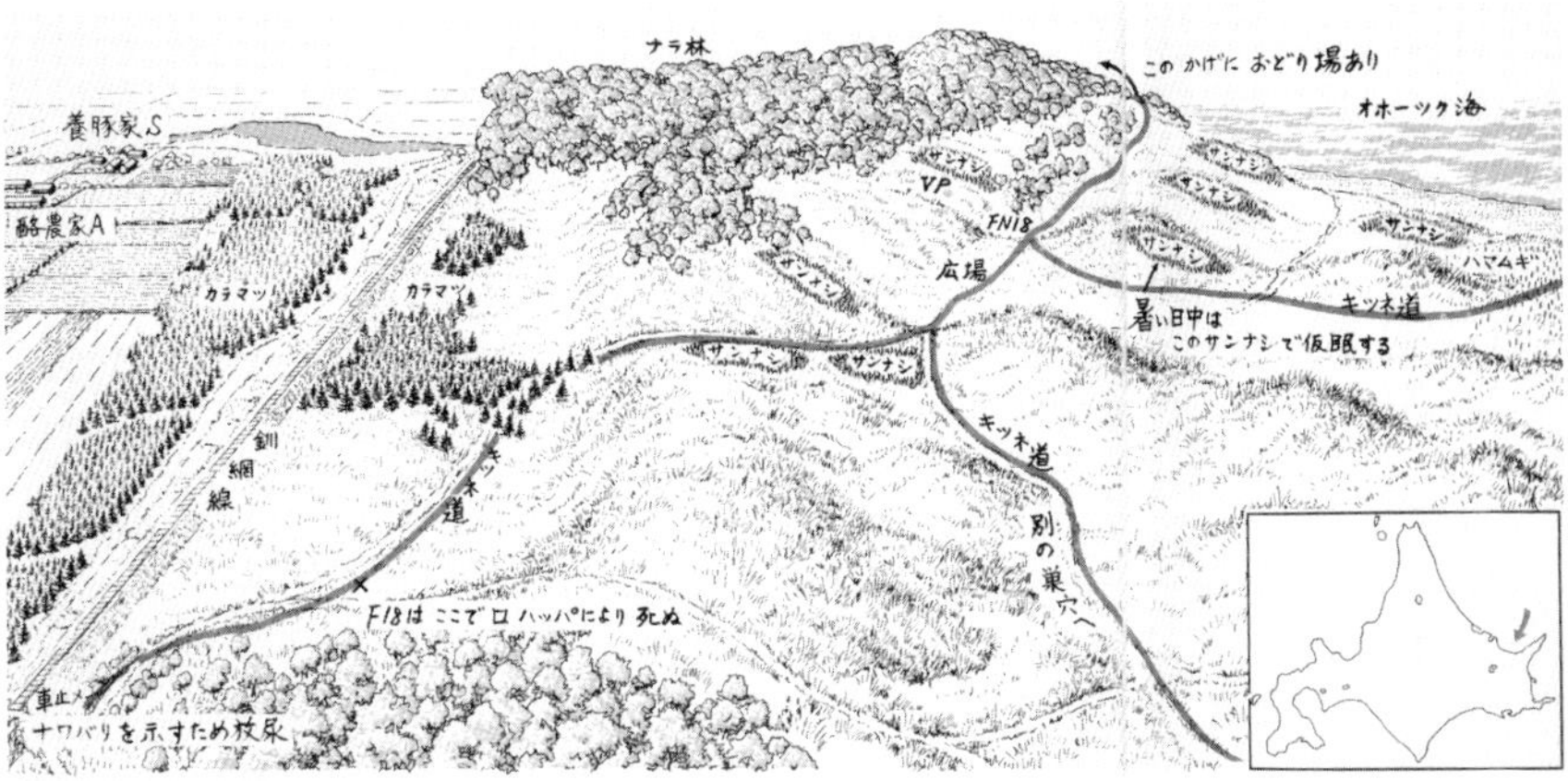

キタキツネの行動地図

た。五月が待ち遠しい気持であった。彼女に対する刺激は何としても避けねばならない。私の調査を知らない人が巣穴近くに立ち入らねばと日々願う気持であった。三月の下旬から四月いっぱいは私自身も巣穴の近くには寄らず、周辺の農家の人々に、ただその安全を頼むしかない日々であった。もちろん、養豚家Sさんには特に頼んで、肉屋からときどきモツを買っては届けたのは言うまでもない。Sさんによれば必ず食べてゆくという。また三月の下旬ころは腹が大きかったとのことである。なんとしても五月が待ち遠しかった。

再び巣穴を訪れる

オホーツクの海を占拠した北の流氷群が去り、凍土は緩み、ムクドリが初めてみせる地面に群がり始めた。近くの湖では、白鳥たちが北への旅立ちに忙しい日々をおくっていた。五月にはいった。草原の枯草の中に緑が少し現われはじめ、それと競うかのように、タンポポが黄色い絨毯を敷き始めた。ノビタキはテリトリーを決定づけるために、より高い枯草を探す。ヒバリもまた……。

F18の巣穴を訪れる日が遂《つい》にやって来たのである。五月一四日である。やや南風が強い。前日から考えに考えぬいた結論としての行動をとる。すなわち巣穴に近い小さな丘の上に立った時点から、森進一ばりの喉で好きな歌をうたい巣穴に近づく、という行動である。へたに静かに近づくよりも、むしろ私の行動そのものを遠くから彼女に知らせることで、彼女とその夫である雄ギツネに対応の行動をいち早くとらせることを目的にしたのである。この方法は野生動物、特に獣類に近づく場合に、非常に成功することが多かったからである。

一つの小さな丘を越えるともうすぐである。いつあの忌わしいギャウンの声が発せられるかと不安であった。薄氷を踏む思いとはまさにこのような状態をいうのであろうとしみじみ考えつつ足を一歩一歩進ませる。巣穴が見えた。八〇メートル、六〇メートル、五〇メートル点である。普通の個体ならば必ずといっていいくらい警戒音を発する地点である。静かである。不思議な静けさがあった。私の音痴な歌声が耳に残り、あたりの静けさとあまりにも不調和であったことに気づく。喜びとバカバカしさとが妙にミックスし、虚脱感にも似た症状が体を走る。巣穴の放棄という不安も頭のどこかをよぎる思いがした。わずか二〇〇メートルの行動が疲労感となって体に感じられた。私はようやくゆっくりと巣穴の周辺を観察したのである。ほっとした。

三月に見た時より、巣穴はより拡大され、巣穴前にはかき出された砂がうず高く積まれている。F18はもちろん、雄の姿もない。巣穴を見下ろすちょっと小高い丘の斜面にV.P(観察点。viewpoint)を決めた。双眼鏡により巣穴前の砂の小山に大小の足跡が多く見られる。仔《こ》ギツネたちがもう外で遊ぶようになったのが推定される。V.Pより巣穴までの距離は約五〇メートルである。腰を下ろして待つほどに小一時間がたった。

南側にナラの林があったので、風は強い日であったがV.Pはまったくの小春日和である。巣穴までの緊張が遂に虚脱感を生み、外気の暖かさによって助長され、ついウツラウツラした。数十秒であったようでもあり、数十分であったようでもある。何かしら動く気配にはっとした視界の中に、夢にまでみた彼女が立っていたのである。私の前一〇メートルの地点である。驚いたのは私の方であった。思わずギャウンである。なんのことはない。私の方が彼女に似た警戒音を発したのである。その声に彼女もちょっと驚いたように五メートルほど走ったが立ち止まり、そこに腰をおろし、やがては前肢をのばして、そのまま眠り始めたのである。

私はひょっとしたら化かされ始めたのではないかと真剣に考え、精神の統一なるものを試みた。この行動は他の個体でもその後たびたび見られ、他の動物にも見られる一種の転位活動の一形態と考えられる。幼児が自分に都合の悪い状態に追い込まれた時に、あたか

仔ギツネを統率し巣穴を移動するF18

も関係ないことに興味があるかのごとく振舞うあの行動に、非常によく似ているのである。

とにもかくにも、まさに夢の世界に一気に引きずり込まれたような状態でのＦ18との再会である。思わず手みやげにと持参した馬肉を投げ与えると、多少警戒ぎみではあったが口にくわえて巣穴へ運んだ。成功であった。万歳である。私はシャッターを一度も押していないのに気づき、あわててバッグのチャックに手をかけたのである。

NOTE②

仔ギツネの数は四匹である。全体に色の淡い個体＝シロ。赤い個体＝アカ。黒っぽい個体＝クロ。そして人に対して著るしく警戒心の強い個体＝ヒスと名づける。ヒスはヒステリーの略である。ヒスについての十分な観察が行なわれないままに、五月二八日以後行方不明となる。五月一四日、仔ギツネたちは巣穴より一五メートルの地点まで遊びに出る。初めて見る人間に多少不安感あれど、母親の行動より警戒するに価しないと判断したようすなり。個体間の順位は平等のようなれどアカが体力的にいちばん優っているようなり。シロは常に母親にその行動の多くを依存する。彼らの一日の行動の多くは兄弟同士の遊びと睡眠とである。また時おりの母親よりの給餌と哺乳である。主として朝夕に給餌があるが、哺乳は時間的にある程度の間隔で行なわれるようである。給餌行動の多くについては他のファミリーで述べるつもりであるが哺乳について述べたい。給餌の時に（すなわち餌を持って巣穴に帰った時）ついでに哺乳が行なわれるようであるが、終日観察によれば、餌を探し得なくても約四～五時間の間隔で哺乳は行なわれた。後年の観察で他のファミリーでも同様であることがわかった。哺乳は肢をやや外方に広げ、仔ギツネたちはそれにぶら下がるような姿勢で授乳を受ける。乳頭を口にくわえた各個体は、それぞれ後肢のみで体をささえ、前肢を乳房にあてて前後に動かし、あたかもマッサージを行なうような状態を約二〇～四〇秒続ける。泌乳《ひつにゅう》は一斉のようで、前記の行動後、各個体一斉に静止し飲み始める。約二～五分後、再びマッサージようの行動をとれども、そのまま諦め乳頭を離す。その間母親は仔ギツネの腹および股間をなめたり、鼻でおしつけるような行動をとることが多い。哺乳は五月の二九日まで見られた。その後の観察で、遅い個体で六月二二日まで見られたファミリーもある。

乳離れの時期については、海外の多くの学者が調査研究しているのであるが、基礎的な材料から導き出されたものが少なく、七～一〇週とすこぶるその範囲が広い。私の観察でも、仔ギツネの大きさから推定してみても、各個体間にかなりの差があるように思われる。すなわち乳離れの極度に遅い仔ギツネが一匹でもいるファミリーにおいては、生後かなりの時間（約一一週め）の経過を経ても哺乳の行なわれた例がある。

出発進行の呼び笛

哺乳行為に関連して、母親の仔ギツネに対するある種のスリコミにも似た行動を述べたい。

ホームレンジ内にある巣穴の多くは、ある種の刺激により、次々と利用される。すなわちペアのうち、主として雌であるが、危険を感じたり、また寄生虫などですこぶる悪環境となると、すぐさま移動するのである。

哺乳中の前期、すなわち仔ギツネがあまり巣穴外に出られない時期は、親ギツネは仔ギツネの後ろえり首を噛んで持ち上げ、運ぶ。多少巣外で遊ぶことの多くなった時期では、前期哺乳中のマッサージよう行為の直後に、自分が移動しようとする巣穴へ向かって歩く。仔ギツネたちはぶら下がったままの状態で歩かされるのである。泌乳が始まった直後でもあるので、かなりの距離を追う。まさに乳恋しさのあまりに……。その次の段階では給餌するためにくわえてきた獲物の全部または一部を、仔ギツネたちに与えては取り上げるといった行為をくり返しつつ、目的地へ移動する。そして、終日かなりの距離（約六〇メートル）まで遊びに出るようになったころでは、何かの発声のみですべての仔ギツネは母親の後を追う。見事な統率ぶりを見せる。

この段階になるまでの間に、常に行為の中で、低い声ではあるがある種の発声がみられるような気がする。それが乳とか餌とかで、あたかも導くかのような行動の中で、徐々にその声に対する条件反応として移動を誘発する、ある種のスリコミが行なわれている徴候があると考えられる。移動は常に危険が伴うものである。特に多くの仔ギツネを連れての移動はなおさらである。道路の横断、小川、野犬、そのうえに人間に会う機会も多くなる。それだけの危険に十分耐え得るための統制は、より強力でなくてはならない。その強力な出発進行の叫び笛が、この哺乳期およびそれ以後の給餌期に、仔ギツネたちの脳裡にすり込まれるのは事実のようである。

KuKu声の録音顚末記

NOTE③

六月。五月中旬の観察では明瞭でなかったが、親ギツネが巣穴に帰って仔ギツネを呼ぶ特徴的な発声あり。KuKu《クク》声と名づける。KuKu声は、餌を持ち帰った時、哺乳に帰った時などに発す。V.Pより観察するに、巣穴に帰ったF18は巣穴前に仔ギツネたちが出ている場合でもこの発声を行なう。発声時ごく軽度な嘔吐作用に似た数回の腹部の緊縮が見られる。巣穴内の仔ギツネもこの声で一斉に飛び出す。六月にはいるに、獲物をくわえた時のF18のKuKu声は、巣穴よりかなり離れた地点（約一五〇メートル）より発せられる。発声しつつ巣へ近づくのである。V.Pより体の動きより声として明瞭に聞き分け得るほどなり。いち早く聴取し得た仔ギツネがより先にと走り獲物を受ける。六月後半になるに、より早くKuKu声を聴取するために、腹をすかせた個体ほど巣穴より離れて親の現われるのを待つ。KuKu声を発しない場合、仔ギツネたちの視力による親の識別は非常に困難のようなり。巣穴より五〇メートルの地点を歩く親ですら識別不能の態度を示す。すなわち軽度の警戒音を発し、いったん巣穴へ逃げ腰となり、約三〇メートル地点まで近づけば親と知り走り寄る。以上の点から視力はあまりよくないと考えられる。KuKu声はしかし明らかに移動時の発声と異なるようなり。それはKuKu声は巣穴の方向に対してのみであり、巣穴より離れる際に一度も発せられたのを観察したことがなし。

私にとって、このKuKu声の存在は大いに意義深いことであった。当時、各ファミリーの仔ギツネの正確な数が掴めず、おおいに弱っていたのである。終日の観察の結果ですら、全部の仔ギツネが外に同時に現われないこともあり、毎年の二十数ファミリーの仔ギツネの数を正確に確認するということが非常に困難で、何かよい観察法はないかと常に考えていたのである。そこでこのKuKu声を利用することに決めた。すなわち録音し、それを各巣の近くで再生し流すことによって、飛び出す仔ギツネの数をカウントし、それをマキシマムと考えよう。考えるにこれはすばらしい方法だ。われながら新発見だと喜び、さっそく録音にとりかかったのである。

しかしこの種の録音についてはまったくの

仔ギツネを連れた採餌訓練。
7月。左上がF18

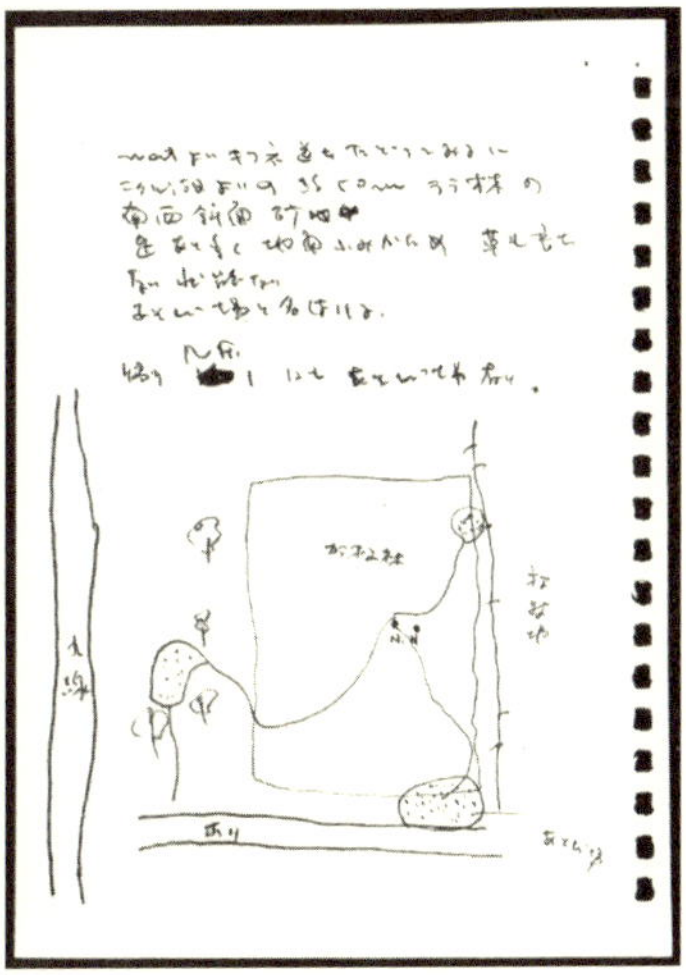

フィールドノート

素人であった私にとって、まさに失敗の連続であった。あれほど慣れた個体であったが、巣穴の前にニューと立つマイクには驚いたらしく、あとで再生してみると軽度の警戒音Gu《グ》Gu《グ》声が録音されていたのである。それではと、キツネ道（彼らは一定の場所しか通らず自然に細い小道を造り上げる。小道は硬くしまりほとんど草も育たない。通常巣穴に向かって四〜七本の小道が形成される）に草でカムフラージュして設置したのであるが、その時から永久にその道を使用しないのである。結局このすばらしい名案も迷案に終ろうとしていた。

しかしいつの世にも神様はいるもので、近くの養狐場の主任がキリストとなって私の前に現われた。主任鈴木さんは四〇年のキャリアを持つキツネの飼育者である。と同時に、私の知る限りでは日本一のキツネ通である。

鈴木さんは私の失敗談を大笑いで聞いてくれた。そして大笑いの代償として、ごく簡単にこの難事業を解決してくれたのである。何のことはない。飼っているキツネたちも同様な行動をとるのである。これらはもともと人工の環境の中で生活しているので、多少の変化は関係ない。ましてやマイクなどはヘッチャラのポンである。

かくしてより科学的な方法と私のなかなかの努力によって、正確な産児数が確認されたのである。平均三、四頭である。私は大いに満足し、安心した（後年、この方法が必ずしも正確な数を出さないことがわかり、より正確な方法を見いだすために大なる努力がはらわれた）。この時以後常に鈴木さんとの交流により、野生のものと飼育のものの一致点の多さで、観察そのものの意義を正しく評価し得るようになったのである。

車を迎えるF18

NOTE④

七月、仔ギツネたちは日々に生長す。巣穴より南西の約二五〇メートルの地点を遊び場所とし、終日遊ぶことが多くなる。おどり場と名づける。巣穴の使用は夜の一時期だけで、日中はむしろサンナシやハマナスのブッシュの中で仮眠する。活動は早朝か夕方遅くであり、日中はほとんど視界に現われない。親との関係は選択的になり、自分で捕食しようと努力するようになる。草や昆虫類の捕食が多くなる。F18は時おり一～二匹を連れて二日ばかり巣穴に帰らないこともある。獲物もネズミ類は少なくなり、海鳥の死骸や魚、ニワトリなどが多くなる。ブッシュが深くなりノネズミの捕捉が困難か？　七月三日雄ギツネ初めて姿を見せる。マスの死骸をくわえてハマナスのブッシュから顔だけを出す。Ｆ18すぐに走り寄りその獲物を無理やり取る。まさにむしり取る動作なり。雄GuGu声を発す。がすぐにブッシュの中に消える。雄を見たのはこれが最初で最後である。Ｆ18、一〇日を過ぎるころより噛み合い行動が著明となる。仔ギツネの分散が近い。

草原がハマナス、エゾスカシユリ、エゾカンゾウなどで色どられるころとなった。野鳥たちは短い夏に多くのひなたちを育てなくてはならないので忙しい。海が近いとはいえ巣穴の付近は暑い。草原を歩くＦ18も頭を下げ、ちょっと進んでは口を開き苦しそうである。しかし彼女の苦労など仔ギツネたちの知るところではない。彼らのオオカミにも似た胃袋を満たすために彼女は終日狩にはげまねばならない。体表のところどころに残る冬毛が、よけいに彼女をみすぼらしくする。日中、巣穴の上のミズナラの木陰でちょっとまどろむのみである。働きの悪い彼女のダンナさまにも、苦労の原因の一端があるのであろう。このペアは異例に近くダンナさまが働かないようである。他のファミリーではその作業分担はかなり明確である。

されば と、わが家の台所から肉が消え魚がなくなる。彼女は必然的に私の運ぶ餌に依存するようになったのである。七月も一〇日を過ぎるころには、私の車を巣穴より三〇〇メートルも離れた位置まで迎えに出るのである。毎日夕方には必ず私も観察に出かけるので、時間も正確である。

ある午後、付近の小高い丘の上で、彼女のこの時間帯の行動を観察したことがある。彼女は四時ころから私の毎日通るコースに現われ、四時半には車止めの所まで出かけて待っている。寝そべってみたり、その周辺で餌を探したり、一気に巣穴へ走り帰ったりする。五時過ぎになっても、車止めと巣穴の間を、ただ時おり往き来するだけである。六時になった。不安気で落着かない行動をとる。あたかも私の突然の心変わりをうらむかのように私には感じられた。急患や来客で出かけ得ない時は、彼女はこうした時間の過ごし方をしていたのかもしれない。理由のない感動が体をはしり涙腺を刺激した。いよいよ彼女がグラマーの裸体で私を呼ぶ日が近いようである。

この日以後、加速度的に私は餌を運び、二号宅へ通う男の顔だと人は言う。肉屋のカミさんは私の顔が細くなり口が尖ってきたといっては威《おど》し、わが家では、子供が大切かキツネが大事かなどと、政治家にもなれそうな意見が私を悩ます。しかし私も多少開きなおった気持で、自分でも理解できない迷説でその都度きり抜け、日々せっせと車を走らすのであった。おキツネどもにのり移られていたのであろうか。

仔別れそしてF18の最期

そのころ、F18の仔ギツネに対する大きい変化が徐々にではあるが彼女の体の中に芽ばえ、大きくなりつつあった。それは生理的なものであったのだが、仔ギツネに対する噛み合いという行動で現われてきた。いわゆる野生動物の一般にいう仔別れの儀式である。

初期のうちはある種の行動——しつこいじ

夏の夕方、海岸で餌をあさるF18。すっかりやせ細っている

ゃれ合い——に対する反応として現われた制裁的な行動が、やがてエスカレートしていって、七月を半ばも過ぎるころにはもう滅茶苦茶で、ヒステリックにただただ仔ギツネたちに当たるかのごとく、やたらと嚙みつき振り回す行動なのである。私のほうがその真剣さに肝をつぶし、思わずやめろと叫んだこともあるほどである。特に仔ギツネたちの旅立ちの前日などは、ちょっとでも目にとまる地点にいたら全速力で追いかけ、お互いに真剣な争いになるのであった。もはや親子ではなく、同一のレンジ内にいる独立した個体なのである。そこには情はなく、あるのはライバル意識のみのようであった。それはもはや個体間の完全な独立を意味し、そこには親仔の別れというような女々しい雰囲気などはかけらすら見られないのである。

七月一八日を最後に、私は再び仔ギツネたちには会えなかった。彼らの旅立ちはこの地方に夏の終熄《しゅうそく》を告げるかのごときころに行なわれ、残った巣穴付近に咲くハマナデシコには秋すら感じられた。

七月二五日、私は久しぶりに魚を持って巣穴をたずねたのである。相変わらずF18は迎えてくれたが、多少寂しそうだったのは私の気のせいだけではあるまい。いつものようにおみやげの魚を与えると、当然のごとく巣穴へと走るのである。Ku Ku声を発しながら……。仔ギツネの旅立ち後の巣は寂しい。その巣穴の奥に向かって真剣なまなざしで呼ぶ彼女の行動は哀れであった。二時間ほど遊んで、私はその年のほとんどの調査の終ったのをしみじみ感じつつあった。

間もなく彼女も秋の近づく草原のブッシュの中に消え、私も満ち足りた日々の反動としてぼんやりと冬を迎えたのである。

そうしたある日、平和でのんびりした冬ごもりのわが家に悲報が舞い込んだ。それは草原に口ハッパ[*2]の密猟師がはいったという情報である。驚いた私は友人や農家の人々とともに雪の草原に走った。しかしもはやそこには新しいキタキツネたちの足跡を見ることができなかった。暗い予感は的中した。私が一年間学んだ草原にはもうキタキツネの一匹をも見ることができなかったのである。全滅なのである。F18はもちろんアカやシロやクロの仔ギツネたちもである。私は全身に走る怒りと悲しみに強直《ごうちょく》し、雪原に立ちすくんだ。

責は私にすべてあるのである。人をやみくもに信じさせ、人間のこわさ、みにくさを教えず、一人よがりに彼女たちと友だちになれたと喜んだ私にあるのである。おそらく彼女がいちばん先にその小さな悪魔の肉片を口にしたのであろう。かつて二ヵ月前まで毎日のごとくくり返されたごく当り前な動作として。稚拙な自然観のいわば犠牲者なのであった。私の心は凍土にも似た気持で冬ごもりにはいったのである。

エゾスカシユリとF18。「アニマ」創刊号の表紙を飾った

＊1　F18　Fは雌（フィーメル、female）の略号。雌の18号の意。翌一九七四年刊の写真集『キタキツネ　北辺の原野を駆ける』で、「トーハチ」の名で記述される雌。

F18について「アニマ」一九七三年四月号の「表紙の言葉」として、次のように記している。

〈おそらくは誰の目にもふれることなく、私の思い出の中にのみ生き続けるであろうと考えられた、F18との日々の記録が、このような形で、多くの人たちと関係をもつようになった。

喜びというべきであろうか。一方では、心情的な自然保護論が、彼女たちを守るべく多くの紙面を埋め、他面、エキノコックスの媒介者として、現実政治の前で殺戮《さつりく》が繰り返されている。

残念なことは、前者は趣味的に、また後者は、人か動物か的な二者択一論法でつきすすむ。諸外国で、過去数十年における狂犬病の媒介者としてのキツネの生態学的研究が数多くなされているのに、その論文が、両者に対して何ら生かされていない、という現状である。

一介の獣医師として、この北の地の生き物と遊んだ日々のものがこの現実に何らかの関わり合いを持

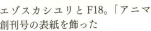

つとすれば、喜びというよりはむしろ、悲しむべき現象なのだろうと思う。〉

＊2　口ハッパ　ハッパは発破、爆薬のこと。『キタキツネ　北辺の原野を駆ける』で、口ハッパを次のように記している。

〈起爆剤のまざった火薬を臭いのつよい肉で包んだ悪魔的な猟具《りょうぐ》である。噛んだ生き物は瞬時にして命を失う。その黒い火薬は下顎を飛ばし、脳を一撃する。それは禍々《まがまが》しい死の密猟具であった。〉

あとがき

もう二〇年も昔、村の顚末記を出すという話が出てきた。そろそろ二〇周年の記念事業を考えなければといった雰囲気の中で生まれた。当時、ものを書くということをしていた伊藤三七男と私のどちらかが担当となり、結局、私に、となったと記憶している。

報告書という自費出版的なものはいやだなあと思っていたし、当時はまだ、村は借入金との闘いの最中であったので、そんな苦労話ばかりが続きそうで、「そのうちに……」とか、「書き始めている……」とかいった言葉で逃げ回っていた。

一年も経つと、さすがの皆もあきらめて、それはなかったこととなった。ところがある時になって気になりだした。私の脳の老化である。私だけではない。会の一期生の記憶の問題と知った。集まって話し合っても、あったようで、なかったかもしれない、といったことが多くなり、写真を整理していて急に思い出したり、見てもそれが事実であったかどうか定かでないような気がするといったていたらく。

これは不安になった。

記憶はうすれ、やがてはなくなるという現実と向き合う日が近いと悟った。あわてたし、少々あせったりもした。

そこでと原稿用紙をとり出したのである。活字の機能と力はまだ信頼に足りうると……。ところが、一行書けば次の話題が登場するといったことが続き、少しも苦にはならず、楽しく書けた。

当初はオホーツクの村の四季みたいな自然誌を中心のものに考えたのだが、人間のほうがずっと面白く、筆が勝手にそっちのほうに走り、こんなかたちのものとなった。

私は『オホーツクの十二か月』『キタキツネの十二か月』（福音館書店）などのシリーズをもつ。そのうちに『オホーツクの村の十二か月』というものを書いて、任を全うしたい。

それにしても、小清水自然と語る会は個性豊かな侍《さむらい》の集団であった。思えば時代がそれを育てたような気がする。

私たちを取りまく自然が四〇年前よりよくなったかと問われれば、答えは否である。

かつて『沈黙の春』はもう目の前に来ているのに気づかず、カーソンの本が出た時、自分たちの未来にかすかな不安をいだいたあの時代より、ずっと深刻な世界を迎えているのに、人々はそれに反応しない。

初秋、農村を車で走るとすぐにわかる。かつて……といっても、たかだか一〇年前だが……フロントに打ち当たって死ぬ昆虫の多さにうんざりしたものである。速度をほんの少し落としてもあまり変わらない数であった。ドライブのあと洗車が必然であった。

それが今はない。私たちは車のスピードを落としたのではない。昆虫が飛んでいないのだ。

人々が気づかないのかと言えば、皆うすうすは知っている。

ただ、皆、見ていないふりをするだけである。私たちは自然の小さな変化に、見ても見なかったふりをすることに決めて久しい。

農村は風景だけは昔と変わらないことになっている。見える風景だけである。

農村の自然度（生物の種や数）は、都市のそれより低いという報告がチラホラと出始めている。ヨーロッパでも同じ報告が登場していると聞いた。勝手に農薬を使わせない都市の生活者の生き方がこの結果を生んだと言えた。

まさに農村は景色だけは変わらない地となろうとしている。

だが、四〇年前に比べて、ずっと豊かになった人々がそれに気づかない。気づかぬふりをしているだけである。

このふりをするという日本人の生き方がいつ生まれたのか、私は考え込んでいる。

二〇一八年九月四日　　竹田津　実

索引

出典
本書中、〈プロローグ　私たちの原生林〉〈正月のキタキツネ事件〉〈湖畔のちいさいおうち〉〈ひとりの漁業者の死〉〈あぁ、九パーセント〉〈出版社がジャガイモを売る〉〈まず一本の木を植える〉〈森林文化賞受賞と国勢調査〉〈不凍湖をつくりたい〉〈力強い応援隊〉〈二〇周年の村祭り〉〈未来に残したいもの〉は、山岳雑誌「岳人」（モンベルグループ、ネイチュアエンタープライズ刊）2016年9月号〜2017年8月号掲載の連載「オホーツクの村物語り」（全12回）に加筆・修正した。
コラム〈オホーツクの村の建設について〉〈オホーツク村への道のり〉は、1981年、小清水自然と語る会発行の冊子「オホーツクの村　建設について」から収録した。
〈キタキツネの里〉は、『跳べ キタキツネ』1978年7月4日刊から、〈仔別れののち、F18は口ハッパで死んだ〉は、「アニマ」1973年4月創刊号（ともに平凡社刊）から再録した。収録・再録にあたり、省略や表記などを改めた箇所がある。

協力
一般財団法人小清水自然と語る会／オホーツクの村
株式会社モンベル
「岳人」／株式会社ネイチュアエンタープライズ

連絡先一覧（住所、電話、FAX、ホームページなど）
◎小清水自然と語る会／オホーツクの村について
一般財団法人 小清水自然と語る会／オホーツクの村
〒099-3452　北海道斜里郡小清水町字浜小清水203番地の1
電話 0152-63-7723　Fax0152-63-7722
URL http://www.okhotsk-no-mura.or.jp/

◎小清水町の歴史や自然、観光について
小清水町　URL http://www.town.koshimizu.hokkaido.jp/
小清水町観光協会　URL https://koshimizu-kanko.com/

◎ナショナル・トラスト団体や運動について
公益社団法人 日本ナショナル・トラスト協会　URL http://www.ntrust.or.jp/
100平方メートル運動の森・トラスト（知床）　URL http://100m2.shiretoko.or.jp/
公益財団法人 鎌倉風致保存会　URL http://userweb.www.fsinet.or.jp/fuhchi/
公益財団法人 柿田川みどりのトラスト　URL http://www4.tokai.or.jp/kakita.rv-trust/
公益財団法人 天神崎の自然を大切にする会　URL http://www.tenjinzaki.or.jp/
アムウェイ・ネーチャーセンター　URL http://www.nature-center.org/

著者紹介

竹田津 実（たけたづ みのる）

1937年、大分県竹田津町（現国東市）生まれ。獣医師、写真家、文筆家。1963年、岐阜大学農学部獣医学科を卒業、北海道東部の小清水町立農業共済組合家畜診療所に勤務。1965年以降、キタキツネの生態調査を行ない、1972年、傷ついた野生動物の保護治療・リハビリ作業を開始。1978年、農業者たち17名と「小清水自然と語る会」を結成し、ナショナル・トラスト「オホーツクの村」建設運動に参加。映画「キタキツネ物語」（1978年公開）で企画・動物監督。2004年より北海道中央部の東川町に在住。2008年に北海道文化賞、2013年に北海道新聞文化賞、2015年に旅の文化賞を受賞。

著書・写真集に『キタキツネ物語』『アフリカ――いのちの旅の物語』（平凡社）、『えぞ王国――写真北海道動物記』（新潮社）、『野生からの伝言』（集英社）、『キタキツネの十二か月』（福音館書店）、『恋文――ぼくときつねの物語』（アリス館）などがある。『子ぎつねヘレンがのこしたもの』（偕成社）は「子ぎつねヘレン」として映画化される。児童書に『北国からの動物記』（全8巻、アリス館）、『どうぶつさいばん――ライオンのしごと』（作。絵＝あべ弘士、偕成社）などがあり、写真集、エッセイ、絵本のテキストに多数の仕事がある。

北海道小清水
「オホーツクの村」ものがたり
人工林を原始の森へ　40年の活動誌

発行日　2018年10月17日　初版第1刷

著　者　竹田津 実
発行者　下中美都
発行所　株式会社平凡社
〒101-0051　東京都千代田区神田神保町3-29
電話 03-3230-6593（編集）　03-3230-6573（営業）
振替 00180-0-29639
ホームページ http://www.heibonsha.co.jp/

装幀　稲田雅之
組版　秋耕社・寺本敏子
印刷所　株式会社東京印書館
製本所　大口製本印刷株式会社

ISBN978-4-582-52736-0 C0051　NDC分類番号 519.811
四六判（18.8cm）　総ページ 224